Yamina KORICHI

A polinização das plantas cultivadas pelas abelhas

Yamina KORICHI

A polinização das plantas cultivadas pelas abelhas

Atividade forrageira dos apídeos

ScienciaScripts

Imprint

Cover image: www.ingimage.com

This book is a translation from the original published under ISBN 978-620-6-71880-2.

Publisher:
Sciencia Scripts
is a trademark of
Dodo Books Indian Ocean Ltd. and OmniScriptum S.R.L publishing group

120 High Road, East Finchley, London, N2 9ED, United Kingdom
Str. Armeneasca 28/1, office 1, Chisinau MD-2012, Republic of Moldova, Europe
Printed at: see last page
ISBN: 978-620-7-98671-2

OBRIGADO

Agradeço a Deus a coragem e a paciência que me demonstrou ao longo da minha vida. Gostaria de exprimir os meus sinceros agradecimentos à Sra. ***AOUAR-SADLI Malika****, Professora Catedrática (A) na Universidade Mouloud Mammeri em Tizi-Ouzou, por ter aceite supervisionar e dirigir este trabalho. É uma grande honra para mim exprimir-lhe os meus agradecimentos e a minha gratidão pela sua disponibilidade, os seus conselhos, a sua orientação, a sua modéstia e o interesse benevolente demonstrado pelo meu trabalho.*

Gostaria também de agradecer a :

A Sra. ***MEDJDOUB-BENSAAD F.****, professora da Universidade Mouloud Mammeri de Tizi-Ouzou, pela honra que me deu ao aceitar presidir ao júri e fazer a sua apreciação deste modesto trabalho.*

Mme ***SADOUDI ALI- AHMED D.*** *professeur à l'université Mouloud Mammeri de Tizi-Ouzou et M*[me] ***BENDIFALLAH L.*** *professeur à l'université M'hamed Bouguerra de Boumerdes pour avoir accepté d'examiner mon travail.*

Mme ***MEKIOUS C.*** *maitres de conférences (A) à l'université Ziane Achour de Djelfa et* ***M***[r] ***ADJLANE N.*** *maitres de conférences (A) à l'université M'hamed Bouguerra de Boumerdes deram-me a honra de participar no exame deste trabalho. Agradeço-lhes vivamente o tempo que dedicaram à leitura e ao exame desta tese.*

Gostaria também de agradecer à Sra. ***GOUCEM-KHELFANE K.*** *e à* ***Sra. CHAOUANE*** *pela sua preciosa ajuda.*

Gostaríamos também de agradecer ao Professor ***Pierre RASMONT*** *da Universidade de Mons Hainaut, na Bélgica, por me ter recebido no seu laboratório em duas ocasiões.*

Gostaríamos também de agradecer ao Professor ***Denis MICHEZ****, do mesmo laboratório, pela sua ajuda.*

Os meus sinceros agradecimentos a toda a equipa do Laboratório de Produção, pelo seu apoio e encorajamento. Os meus mais sinceros agradecimentos a todos os meus amigos da turma "Interação planta-animal em ecossistemas naturais e cultivados", em especial a ***LAMARA MOHAMED R.****,* ***CHERIFI-HABBI A.*** *e* ***IKHLEF H.***

Não esquecerei todo o pessoal do Institut Technique Moyen Agricole Spécialisé (I.T.M.A.S) em Boukhalfa pela ajuda e pelos recursos fornecidos.

É com especial prazer que exprimo a minha profunda gratidão e apreço às minhas queridas irmãs (Nacéra, Zohra e Merzaka) e irmãos (Omar, Salah, Mustapha, Mohamed e Aissa), às minhas cunhadas, às minhas sobrinhas e sobrinhos pelo seu amor, apoio e encorajamento. Por último, guardo o lugar mais querido no meu coração para a minha mãe (que Deus a tenha) e para o meu pai, que Deus o abençoe, sem os quais nunca teria chegado até aqui. Gostaria de expressar a minha gratidão a todos aqueles que participaram de alguma forma na produção deste modesto trabalho, sem esquecer aqueles que contribuíram para a nossa formação.

ÍNDICE

INTRODUÇÃO

A polinização é o ato preliminar da fecundação, em que a transferência de pólen entre plantas permite a fecundação e a reprodução sexuada. As plantas com flor são polinizadas principalmente por autopolinização, bem como pelo vento (anemofilia) e por insectos (entomofilia). Este último processo é o tipo mais importante de mutualismo entre plantas e insectos. A polinização entomófila é um fator de produção em sectores agrícolas tão variados como a fruticultura, a produção de sementes e as culturas sob coberto. Entre os insectos polinizadores contam-se alguns Coleoptera, Lepidoptera e Diptera, como os Syrphidae, mas são sobretudo as abelhas (Hymenoptera) que têm uma relação inseparável com as flores. Com efeito, a morfologia das abelhas (presença de pêlos ramificados no corpo), a sua alimentação (exclusivamente néctar e pólen) e o seu comportamento forrageiro (fidelidade a uma espécie de planta durante uma viagem) fazem delas vectores de pólen particularmente eficazes e precisos (Michener, 2000). O mutualismo que liga as abelhas às flores conduziu a uma co-evolução e à diversidade de espécies que conhecemos atualmente. Mais de 20.000 espécies de abelhas em todo o mundo contribuem para a sobrevivência e a evolução de mais de 80% das espécies vegetais (Vaissière, 2005). A importância das abelhas domésticas e selvagens na produção agrícola está bem estabelecida, mas é geralmente pouco conhecida. 70% das espécies vegetais cultivadas para consumo humano no mundo dependem da polinização entomófila (Vaissière, 2005). Esta dependência varia de uma cultura para outra. Nas culturas frutícolas (amêndoas, cerejas, maçãs e pêras) e em algumas culturas oleaginosas (colza e girassol), só é possível obter rendimentos elevados com a ajuda de insectos polinizadores. No caso das leguminosas forrageiras e de muitas plantas hortícolas, só é possível obter rendimentos abundantes graças à polinização efectuada pelas abelhas. Isto significa que, se os insectos polinizadores desaparecessem, os rendimentos diminuiriam significativamente. Há também aspectos qualitativos a considerar: uma boa polinização influencia o peso, o tamanho e o teor de açúcar dos frutos. De facto, as abelhas transportam habitualmente dezenas de milhares de grãos de pólen no seu corpo e depositam grandes quantidades nos estigmas, o que permite uma seleção gamética eficaz dos tubos polínicos. E em termos de qualidade, ao deslocarem-se de flor em flor, as abelhas transportam pólen de indivíduos geneticamente diferentes, e a deposição de alopólen permite a fecundação cruzada e a reprodução de todas as espécies auto-incompatíveis (Vaissière, 2005). O grande interesse do estudo das abelhas é o papel que desempenham nos ecossistemas naturais e agrícolas. Desempenham um papel importante na polinização de uma vasta gama de plantas com flor silvestres e cultivadas (Corbet et al. 1991; Garibaldi et al. 2016). Infelizmente, regista-se um declínio mundial de muitas abelhas selvagens (Rasmont et al.1993, Rasmont & Iserbyt 2012; Burkle et al.2013; Nieto et al. 2014). Foram realizados vários estudos sobre a polinização entomófila para determinar a importância económica e o impacto dos insectos no rendimento das culturas. Nos Camarões, Tchuenguem Fohouo et al (2002) mostraram que a atividade das abelhas tem um impacto positivo no rendimento do grão de milho. Este estudo revelou que o papel dos apídeos nas regiões tropicais não se limita às espécies entomófilas, mas também às espécies anemófilas (Poaceae, Fagaceae). Borneck e Bricout (1984) e Borneck e Merle (1989), trabalhando com as 30 principais culturas visitadas por insectos na União Europeia (UE), determinaram que a polinização entomófila tinha um valor anual estimado em 5 mil milhões de euros, sendo 4,3 mil milhões de euros atribuídos às abelhas melíferas. Nos Estados Unidos, as abelhas contribuem para a polinização de 130 culturas (McGregor, 1976), cujo valor anual foi estimado em mais de 9 mil milhões de dólares americanos (Robinson et al., 1989). Os apídeos (abelhas selvagens e abelhas melíferas) foram estudados por numerosos autores em todo o mundo, em termos de fauna e de comportamento. O Magrebe ou o Norte de África não foram objeto de estudos aprofundados sobre a fauna apóide. Na Argélia, o estudo desta fauna é muito insuficiente e fragmentário. Até há pouco tempo, sabia-se muito pouco sobre esta fauna. Os principais dados recentes que contribuíram para uma melhor compreensão deste grupo de insectos na Argélia são os de Benachour e Louadi (2013), Benarfa et al. (2013), Aguib et al. 2014, Bakiri (2016), Bakiri et al. (2016), Maghni (2017) e Chichoune (2018). Estes trabalhos dizem respeito principalmente às regiões do nordeste da Argélia, nomeadamente Constantine. Algumas outras regiões do país também foram objeto de estudos taxonómicos de abelhas, como o trabalho de Bendifallah et al. (2010, 2012, 2013) realizado na região de Mitidja, e o de Bendifallah (2015) nas regiões do noroeste da Argélia. Foram efectuados inventários preliminares num certo número de localidades do Sara por Djouama (2016) e por Cherair (2016) na região de Djelfa. Quanto à região de Tizi-Ouzou, os únicos estudos efectuados sobre as abelhas selvagens são os de Aouar-Sadli et al (2008, 2012), Aouar-Sadli (2009), Korichi (2015) e Ikhlef (2015). Estes estudos sobre os apoides na Argélia centraram-se principalmente nas plantas espontâneas e, na sua maioria, podem resumir-se a um inventário das espécies encontradas. A ecologia e a atividade forrageira dos apoídeos e o impacto da sua polinização no rendimento das culturas foram muito pouco considerados. O único trabalho realizado sobre este aspeto é o de Benachour (2008), que estudou a atividade de polinização das abelhas em 9 plantas de horta em Constantine. Em 2011, o mesmo autor efectuou observações sobre o comportamento de forrageamento das abelhas em flores de pepino. Outros estudos foram efectuados em plantas como o grão-de-bico (Louadi, 1999), a fava (Aguib, 2006; Maghni, 2006; Aouar, 2008; Cherair, 2016), a batata (Maghni 2006) e o tomate (Bendifallah, 2002; Cherair, 2016). Foram feitas raras observações em árvores de fruto como as maçãs (Louadi, 1999), os alperces e as ameixas (Cherair, 2016). É neste contexto que o presente estudo pretende contribuir para a avaliação da importância ecológica e económica deste grupo de insectos muito útil. O objetivo do presente trabalho é realizar observações em seis (06) plantas hortícolas (fava, grão-de-bico, curgete, melancia, cebola e alface) e citrinos (laranja, tangerina e limão) em Boukhalfa, na região de Tizi-Ouzou. Durante o período de floração de cada planta, começaremos por identificar os insectos polinizadores das diferentes culturas estudadas, estimando as suas densidades e observando o comportamento de forrageamento e a eficácia de polinização das principais espécies. Tentaremos também compreender o comportamento de forrageamento das abelhas para a curgete, a fava, a cebola e a alface. Além disso, mediremos a ação da polinização entomófila das favas e das cebolas, comparando o rendimento de plantas deixadas livres para aceder a estes polinizadores com plantas enjauladas privadas de abelhas. Esta tese está dividida em três capítulos. O primeiro capítulo apresenta os Apoidea e a sua relação mútua com as plantas com flor. No mesmo capítulo, são apresentadas as diferentes plantas cultivadas estudadas. O segundo capítulo descreve a região de estudo; para facilitar a leitura dos resultados discutidos a seguir, apresentamos também o equipamento e os métodos utilizados durante as experiências efectuadas na estação de estudo. O terceiro capítulo é dedicado aos resultados e discussões do estudo da fauna de Apoidea e suas relações com as plantas cultivadas. Neste capítulo, durante o período de floração de cada planta, começamos por identificar as abelhas polinizadoras e avaliar as densidades e a eficácia de polinização das principais espécies de abelhas. Em seguida, mediremos a sua ação comparando os rendimentos das plantas deixadas em liberdade com os das plantas enjauladas. A apresentação destes resultados será acompanhada de uma discussão que nos permitirá destacar as inovações registadas na nossa região de estudo e uma comparação com outros trabalhos realizados na Argélia e no mundo. Por fim, encerramos o nosso relatório com uma conclusão geral e um olhar para o futuro.

CAPÍTULO I
DADOS BIBLIOGRÁFICOS SOBRE A POLINIZAÇÃO POR APÓIDES

1. Visão geral dos Apoids

Os insectos pertencentes à ordem Hymenoptera englobam mais de 100.000 espécies conhecidas em todo o mundo. Caracterizam-se geralmente pela presença de dois pares de asas membranosas, sendo o par anterior o mais desenvolvido. Estas características estão descritas na raiz da palavra Hymenoptera: Hymenos (membrana), Hymen (deus dos casamentos) e pteron (asa), que se refere à união das asas anteriores e posteriores durante o voo. Os Hymenoptera dividem-se em duas subordens: os Symphyta (que não têm asas) e os Hymenoptera (que não têm asas).

Este grupo inclui o "grupo de tamanho" (o abdómen está largamente unido ao tórax, como as moscas-serra) e os Apocrita (caracterizados por um "grupo de tamanho" muito estreito, como os icneumons, as vespas, as formigas e as abelhas) (Payette, 1996).

A superfamília Apoidea faz parte dos Hymenoptera, Apocrita e Aculeata (com ferrão), e inclui todas as abelhas, sejam elas sociais, solitárias ou parasitas. A maioria das abelhas é autóctone, mas poucas espécies foram introduzidas ou domesticadas. Os apídeos recolhem o néctar e o pólen para alimentar as suas larvas e são, por isso, geralmente designados por abelhas melíferas, graças à presença de estruturas morfológicas específicas que os tornam insectos polinizadores excecionalmente eficientes (Payette, 1996).

Existem mais de 20.000 espécies de abelhas em todo o mundo, divididas em 9 famílias (Michener, 2000), 6 das quais foram inventariadas na Argélia: Colletidae, Andrenidae, Halictidae, Mellitidae, Megachilidae e Apidae (Louadi, 1999; Benarfa, 2005; Maghni, 2006; Bendifallah, 2010; Aouar, 2009; Ikhlef, 2015 e Korichi, 2015). Entre cada uma das seis famílias de apoides, há uma grande variação no comprimento das peças bucais, particularmente da glossa. As quatro primeiras famílias (Colletidae, Andrenidae, Halictidae e Melittidae) são frequentemente designadas por abelhas de língua curta, pois a maioria tem uma glossa curta e larga, ao passo que as abelhas das famílias Megachilidae e Apidae têm uma glossa bem desenvolvida, pontiaguda e frequentemente muito longa (Payette, 1996).

A maior parte das abelhas polinizadoras dispõe de vários dispositivos de recolha e de transporte do pólen. Trata-se principalmente de pêlos de colheita nas patas traseiras, escovas abdominais ou cestos de pólen. As espécies de abelhas cleptoparasitas que não colhem pólen não dispõem de qualquer aparelho de colheita. Não constroem ninhos e põem os seus ovos nos ninhos de outras abelhas, daí o nome "abelha cuco". As larvas das abelhas cleptoparasitas não se alimentam de outras larvas. abelhas, mas consomem a reserva alimentar que lhes é essencialmente destinada (Payette, 1996).

1.1. Relação entre as plantas e as abelhas

Desde o período Cretáceo, as abelhas evoluíram em paralelo com as plantas que polinizam. As peças bucais dos adultos mudaram em função da forma da corola das flores que colhem. As abelhas dependem exclusivamente das flores para se alimentarem. Utilizam o néctar, rico em açúcar e água, e o pólen, que fornece outros nutrientes essenciais (Louveaux, 1980). Através da sua relação especial e importante com a flora, as abelhas desempenham um papel

vital na manutenção da vegetação nas regiões temperadas e tropicais.
Estudos efectuados por Chansigaud (1975), Batra (1984), Abrol (1988) e Jacob-Remacle (1989 a e b, 1990) mostram que as abelhas selvagens desempenham um papel notável na polinização das culturas e das plantas espontâneas. Durante a última década, o desenvolvimento de técnicas de polinização controlada centrou a atenção nos apóides como auxiliares na agricultura e na arboricultura.
Após a domesticação do género Apis na Antiguidade, o homem conseguiu domesticar várias espécies de abelhas selvagens. A primeira espécie foi descoberta para polinização em 1930, no Japão, por Matsuyama. Trata-se de uma pequena abelha castanha, a Osmia cornifrons Radoskowski. Esta abelha é 80 vezes mais eficaz do que uma abelha operária Apis mellifera. Segundo Maeta e Kitamura (1981), citados por Pesson e Louveaux (1984), poliniza um terço das macieiras japonesas. A empresa belga Biobest criou o abelhão Bombus terrestris para ser utilizado na polinização de culturas de estufa e de campo. No Canadá e nos Estados Unidos, os agricultores domesticaram a Megachile rotundata Fabricius, 1787 (Megachilidae) e a Nomia melenderi Cockerell (Halictidae), criando caixas-ninho para elas nos terrenos agrícolas (Batra, 1984).

2. Polinização

A polinização é uma etapa essencial da reprodução das plantas angiospérmicas (70 a 90% das angiospérmicas são polinizadas por uma espécie animal). Trata-se do processo de transferência do pólen produzido pelas anteras dos estames para o estigma da flor, seguido, em princípio, da fecundação do óvulo pelo grão de pólen que germina no estigma. A polinização de uma planta por insectos depende da morfologia floral, do grau de auto-fertilidade e da disposição das flores na planta ou em plantas vizinhas. Neste sentido, as plantas podem ser divididas em duas categorias:

- Plantas autopolinizadoras, cujas flores são polinizadas pelo seu próprio pólen ou, por extensão, pelo pólen de outra flor da mesma planta. No entanto, as abelhas optimizam frequentemente a polinização mesmo nas flores autopolinizadoras. A polinização noutras plantas, nomeadamente nos cereais, é efectuada pelo vento e pela gravidade, desempenhando as abelhas apenas um papel secundário.
- Plantas alógamas, cujas flores não podem ser fecundadas pelo pólen produzido pelas várias flores da planta. Requerem a polinização cruzada, que assegura uma melhor mistura genética do que a autopolinização.

A polinização cruzada é obrigatória em :

- plantas unissexuais ;
- plantas bissexuais, que são auto-estéreis (o pólen de uma planta não pode ser utilizado para outras plantas). germinam nos estigmas da mesma planta).
- As plantas heterostílicas, no caso da prímula, têm dois tipos de flores em proporções mais ou menos iguais: as de estilo longo (estilete longo) e as de estilo curto (estilete curto). O pólen dos estilos longos só pode germinar no estigma dos estilos curtos e vice-versa.
- plantas hermafroditas, conhecidas como plantas dicogamas, que apresentam uma diferença na maturidade dos seus órgãos sexuais.

A presença de um vetor de pólen é, portanto, essencial para as plantas de polinização cruzada, mas pode também ser muito benéfica em certas plantas autopolinizadoras, permitindo uma fecundação tão completa quanto possível (Jacobe-remale, 1990).

2.1. Impacto da polinização cruzada nos frutos e nas sementes

A polinização cruzada e a autopolinização são dois modos de reprodução que não têm o mesmo valor genético, e a superioridade do estado heterozigótico sobre o estado homozigótico foi demonstrada por vários estudos. Os ensaios efectuados em gaiolas com e sem abelhas por Barbier (1986) com colza e maçã mostraram que a queda dos frutos jovens é maior com a autopolinização, enquanto que com a polinização cruzada não há queda. No que diz respeito ao desenvolvimento dos frutos, o mesmo autor refere que, na maçã, o peso médio dos ovários, que era de 40 mg no dia da polinização, atingiu 292,4 mg 14 dias após a polinização cruzada, contra 212,8 mg no mesmo número de dias após a autopolinização.

No caso da autopolinização, o pequeno número de sementes pode dar origem a frutos deformados de menor valor comercial. É o caso de certas variedades de pera que, devido à falta de sementes, produzem frutos mais pequenos e assimétricos. No que diz respeito à qualidade germinativa das sementes, vários autores demonstraram que a energia e o poder germinativo das sementes obtidas por polinização cruzada são claramente superiores aos das sementes formadas por autopolinização, o que lhes confere um elevado valor comercial e agrícola (Barbier, 1986). Come (1968), citado por Barbier (1986), conseguiu demonstrar a relação direta entre o número de sementes por maçã e o tempo de conservação: quanto maior o número de sementes, menos rapidamente a maçã murcha e mais tempo pode ser conservada, e verificou que eram as sementes com uma energia germinativa elevada que melhoravam as qualidades de conservação das maçãs.

2.2. Factores que influenciam a polinização entomófila

Certos factores físicos ambientais influenciam a atividade dos polinizadores e, por conseguinte, a polinização, como a luz, a temperatura, a humidade e o vento. A luz desempenha um papel na perceção da diferença entre o dia e a noite. Alguns insectos são diurnos, enquanto outros são noturnos ou crepusculares. A atividade de certos insectos polinizadores depende da perceção da luz. A luz pode ser alterada pela presença de nuvens ou de trovoadas, o que favorece a atividade dos insectos crepusculares. O efeito da temperatura está bastante ligado ao da luz, sendo mais sazonal. A temperatura mais baixa a que as abelhas podem voar ativamente é de 10°C (Kevan e Baker, 1983 citados por Dibos, 2011). A humidade tem um impacto indireto na polinização, uma vez que este fator não afecta a atividade dos polinizadores, mas sim a concentração de açúcar do néctar. Por último, o vento perturba o voo, enquanto a chuva impede qualquer atividade das abelhas (Kevan e Baker, 1983 citado por Dibos, 2011).

2.3. As abelhas e a polinização

As abelhas e as flores são inseparáveis, e o mutualismo que as liga conduziu à co-evolução e à diversidade de espécies que conhecemos atualmente (Vaissière, 2002). As abelhas e as flores têm uma necessidade vital uma da outra para viver. Com efeito, a polinização das plantas com flores é efectuada em grande parte pelas abelhas, que dependem inteiramente das flores para se alimentarem: os adultos consomem néctar, enquanto as larvas se alimentam de pólen com néctar adicionado (Jacob-Remacle, 1990). Quando visitam as flores, estes insectos transportam habitualmente dezenas de milhares de grãos de pólen no seu corpo e depositam grandes quantidades nos estigmas, o que resulta numa seleção gamética eficaz dos tubos polínicos (Fig. 1). Em termos de qualidade, ao deslocarem-se de flor em flor, as abelhas transportam pólen de indivíduos geneticamente diferentes, e a deposição de alopólen permite a fecundação cruzada e a reprodução de todas as espécies auto-incompatíveis (Vaissière, 2005).

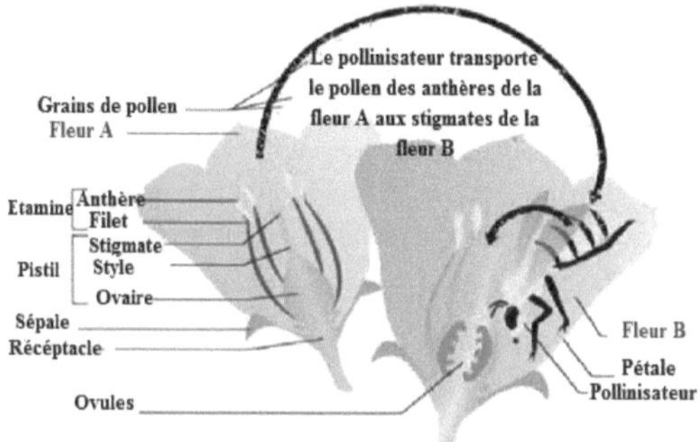

Figura 1: Processo de polinização das abelhas (Anónimo 1, 2013)

Para atrair as abelhas, as plantas desenvolveram órgãos florais, alguns dos quais muito complexos. Para além de oferecerem néctar, são muitas vezes coloridos para atrair os insectos e têm fragrâncias cujas moléculas podem ser percebidas pelas abelhas até 1200 metros de distância. As iniciativas mais notáveis provêm, sem dúvida, de certas orquídeas cujas flores imitam a morfologia da fêmea de uma determinada espécie de abelha e produzem substâncias odoríferas que falsificam as feromonas da fêmea deste inseto. O macho atraído vai acasalar com a flor (pseudo-copulação) e transportar o seu pólen, mais uma vez enganado, para a orquídea seguinte da mesma espécie (Lachaud e Mahe, 2008).

Os apídeos desenvolveram também adaptações morfológicas e etológicas para a colheita de néctar ou de pólen (Tasei, 1984). Estes insectos possuem peças bucais modificadas e, em particular, uma língua alongada com uma ponta em forma de calha para lamber e sugar o néctar. Do mesmo modo, possuem dispositivos (pilosidade tegumentar ou apêndices) e uma morfologia particular das patas, que facilitam a recolha e o transporte do pólen (Jean-Marie, 1991). A atividade dos Apoides nativos caracteriza-se por períodos de forrageamento curtos, sincronizados com o período de floração das suas plantas hospedeiras, sendo a maioria das espécies primaveris (Payette, 2003). Segundo Jacob-Remacle (1990), as abelhas podem ser classificadas em três categorias de acordo com as suas necessidades alimentares específicas de pólen:

- As espécies **poliléticas**, que são as mais numerosas, obtêm o seu pólen de um grande número de plantas pertencentes a várias famílias;

- As espécies **oligolécticas** recolhem o pólen de um grupo de plantas pertencentes a uma família;

- As espécies monolecticas exploram um único género ou mesmo uma única espécie floral.

No entanto, tanto os machos como as fêmeas são mais ecléticos na escolha das flores para o néctar do que na escolha das flores para o pólen.

2.4. Utilização de abelhas selvagens na polinização de plantas cultivadas

Estudos demonstram que as abelhas selvagens e outros polinizadores selvagens desempenham um papel fundamental no desenvolvimento do nosso ambiente. Desempenham um papel fundamental na polinização de plantas selvagens e cultivadas.

• Algumas abelhas selvagens têm um limiar de atividade térmica inferior ao das abelhas domésticas. Os abelhões são notáveis a este respeito: podem ser observados nas plantações com tempo muito fresco, mesmo à chuva. A sua atividade e o seu comportamento forrageiro são constantes de um ano para o outro; durante as visitas às flores, a frequência de contacto com os estigmas é muito elevada.

• A velocidade de procura de alimentos de certos géneros (Osmies, Anthophores, Bumblebees) é do que a da abelha melífera.

• As fêmeas solitárias de Apoidea transportam no seu corpo uma maior quantidade de grãos de pólen do que as abelhas melíferas; além disso, ao contrário das Apoidea sociais, não humedecem o pólen que acumulam no seu aparelho coletor; este pólen pode assim ser mais facilmente destacado quando a fêmea é colocada sobre os órgãos reprodutores da flor (Jacobe-Remacle, 1990). Estas abelhas selvagens estão atualmente a ser criadas em alguns países para polinizar culturas que são mal polinizadas pelas abelhas melíferas. A polinização insuficiente ou inadequada pela abelha doméstica pode ser devida a uma má adaptação à morfologia da flor (por exemplo, alfafa) ou a uma atividade reduzida durante o verão. floração muito precoce a baixas temperaturas (por exemplo, amendoeira) (Benachour, 2008). As abelhas selvagens cultivadas incluem :

• A abelha cortadeira Megachile rotundata é objeto de uma verdadeira indústria e de um intenso comércio de dezenas de milhões de casulos na América do Norte. O Canadá é o maior produtor e exportador de casulos. Na Europa, vários países também se dedicam à criação de casulos, principalmente a França, a Espanha e alguns países da Europa de Leste. Esta abelha é utilizada principalmente para a polinização da luzerna.

• Os abelhões são criados para a polinização em estufa de culturas como o tomate, a beringela e o pimento. Devido às suas características morfológicas e comportamentais, os abelhões são superiores às abelhas melíferas na polinização destas culturas (Pouvreau, 2004).

• Osmias (Megachilidae) criadas principalmente para a polinização de culturas frutícolas nos EUA, Japão e Espanha. No Canadá e nos Estados Unidos, encontramos a Osmia lignaria, uma abelha nativa desta região, de grande interesse para a polinização das árvores de fruto e fácil de manejar devido às suas características biológicas favoráveis. A abelha pedreiro Osmia cornuta, com algumas centenas de indivíduos suficientes para polinizar um hectare de macieiras ou amendoeiras, onde seriam necessários vários milhares de abelhas domésticas. No Japão, a Osmia cornifrons é criada e comercializada para a polinização de pomares de macieiras (Bosch & Kemp, 2002 citado por Benachour, 2008). Esta abelha é capaz de trabalhar numa vasta gama de temperaturas ambiente e tem uma eficiência de polinização individual 80 vezes superior à da abelha melífera (Jacob-Remacle 1990).

2.3. Impacto e impacto económico da polinização por Apoidea na produção agrícola

As abelhas ajudam a polinizar as plantas, o que tem um impacto positivo no ambiente. Estão envolvidas em quase 80% da polinização das espécies vegetais e são, por conseguinte, um elo essencial na sobrevivência, evolução e reprodução das plantas. As abelhas desempenham um papel crucial na segurança alimentar e na nutrição, sendo que um terço da nossa alimentação depende direta ou indiretamente da atividade destes insectos. De acordo com a Plataforma Intergovernamental Científica e Política sobre Biodiversidade e Serviços Ecossistémicos, o valor dos serviços ecológicos e económicos prestados pelas abelhas corresponde a 577 mil milhões de dólares. Através da polinização das plantas, as abelhas promovem a produção agrícola, o que garante a segurança alimentar, e através dos seus produtos de elevado valor nutricional (mel, geleia real, pólen, etc.), garante a segurança nutricional da população (Fao, 2019). Estes insectos estão envolvidos na polinização de ¾ das espécies de plantas cultivadas em quatro sectores principais (Vaissière, 2005):

- Fruticultura, nomeadamente árvores de fruto rosáceas (alperce, amêndoa...), cereja, pêssego, pera, maçã e ameixa) e kiwi;

- Culturas arvenses: cereais (trigo mourisco), oleaginosas (colza e girassol) e proteaginosas (fava);
- culturas hortícolas: cucurbitáceas (curgetes, melões e melancias), solanáceas (tomates, pimentos e beringelas), rosáceas (morangos e frutos vermelhos);
- As espécies forrageiras, como a luzerna e o trevo, e outras espécies, como os frutos secos e as especiarias estimulantes (cacau, café, etc.), dependem igualmente da polinização.

3. Agricultura na Argélia

A Argélia possui um ambiente natural muito diversificado, mas, em termos de agricultura, não é autossuficiente e regista um défice significativo todos os anos, com quase 75% das suas necessidades a serem importadas. Desde os anos 2000, o país implementou uma política destinada a melhorar a segurança alimentar nacional, a desenvolver certos sectores agrícolas prioritários e a valorizar as terras. Esta política foi implementada através de vários planos nacionais moldados pelas flutuações das receitas petrolíferas, incluindo o Programa Nacional de Desenvolvimento Agrícola (PNDA 2000-2010), a Política Agrícola e de Renovação Rural (PRAR 2010-2014) e agora o Plano FELAHA 2014-2020 (Bessaoud, 2019). A Argélia é o maior país de África, com uma superfície de 2 381 741 km^{2}. As terras aráveis cobrem 8,5 milhões de hectares, ou seja, 3,5% da superfície total. Em 2017, mais de metade da SAU (superfície agrícola útil) foi consagrada às culturas arvenses, nomeadamente aos cereais. Estas culturas dominam as zonas semiáridas das planícies altas da região de Tellier, as zonas subáridas dos planaltos e as zonas húmidas e sub-húmidas das regiões costeiras e sub-costeiras.

A fruticultura (pouco mais de 10% da SAU) organiza-se em torno de plantações de oliveiras, de tamareiras e de árvores de fruto. A horticultura, que cobre cerca de 5% da SAU, é praticada nas zonas costeiras e sublitorais e nas planícies interiores. As principais wilayas hortícolas são Boumerdes, Ain Defla, Biskra, Argel, Mascara, Mostaganem, Skikda, Tipaza, El Taref, Tlemcen, M'sila e Chlef. Os produtos hortícolas de base são a batata, o tomate, o alho, a cebola, o feijão verde, a cenoura, o nabo e o pimento. Os agricultores dos oásis do sul mantêm hortas com tamareiras, hortas comerciais e árvores de fruto, irrigadas em algumas regiões com técnicas desenvolvidas já no século XI (foggaras) (Bessaoud, 2019).

3.1. A horticultura de mercado na região de Tizi-Ouzou

A produção vegetal na wilaya de Tizi-Ouzou inclui os cereais, as culturas forrageiras, as leguminosas, a horticultura, a fruticultura e a viticultura. A superfície agrícola útil (SAU) aumentou de 94 152 ha em 1996/1999 para 96 414 ha em 2000/2006. As terras agrícolas irrigadas também aumentaram de 4 589 ha em 1996/1999 para 5 128 ha em 2000/2006. A produção de cereais inclui o trigo duro, o trigo mole, a cevada e a aveia, mas a cultura cerealífera dominante na wilaya de Tizi-Ouzou é o trigo duro. A superfície média cultivada com cereais diminuiu de 12 838 ha em 1996/1999 para 9 714 ha em 2000/2006. As culturas hortícolas incluem batatas, melancias, melões, cebolas, tomates, cenouras, favas e outras, com uma área média anual de 8.089 ha durante o período 1996/1999 e 7.200 ha durante o período 2000/2006, mas a cultura hortícola dominante na wilaya é a batata (Chedded, 2015).

4. Informações gerais sobre as plantas estudadas

Esta secção fornece algumas informações gerais sobre as plantas estudadas, a sua importância económica na Argélia e uma descrição das suas inflorescências.

4.1. Grão-de-bico (Cicer arietinum)

O grão-de-bico (Cicer arietinum L.) é uma planta da família Fabaceae, provavelmente originária do Próximo Oriente, onde ainda existem três espécies anuais selvagens. O grão-de-bico é cultivado principalmente nas regiões mediterrânicas, no sul da Ásia e na América do Sul e desempenha um papel importante na alimentação humana. Esta leguminosa está classificada na ordem 14ième em termos da superfície que ocupa e vem na ordem 16ième na produção mundial estimada em cerca de 7 milhões de toneladas para uma superfície de 1 milhão de hectares (Knights et al., 2007 citado por Bouri e Gaouar, 2018). Na Argélia, o grão-de-bico desempenha um papel importante na nossa alimentação. Consequentemente, a produção atual é muito baixa e a superfície ocupada por esta espécie está a diminuir gradualmente (Abdelguerfi et al., 2001a citado por Bouri e Gaouar, 2018), de 19290 em 1994 para 4600 em 2008 (Anónimo 2, 2009).

4.1.1. Posicionar sistematicamente

De acordo com Crété (1965), a posição sistemática do grão-de-bico é a seguinte Reino:
Plantae
Filo: Fanerógamas (Espermatófitos)
Subfilo : Angiospérmicas
Classe : Plantas de folha larga

Subclasse : Dialypetal

Ordem : Leguminosas (Fabales)

Família:Leguminosas (Fabaceae)

Subfamília : Papilionaceae

Tribo :Vítimas

Género :Cicer

Espécie :Cicer arietinum

4.1.2. A flor

A flor do grão-de-bico tem um cálice tubular que envolve o botão com cinco lóbulos pontiagudos (sépalas) abertos na ponta. A corola é constituída por cinco pétalas (estandarte, asas e carena). O grão-de-bico tem dez estames, nove dos quais formam um tubo à volta do ovário. A parte superior dos fios está livre e virada para cima, e cada um suporta uma antera. O estame superior é livre e separado dos outros. O estigma é uma protuberância na extremidade do estilete, virada para cima como os filamentos. O ovário contém óvulos que se transformam em sementes após a fecundação (Fig. 2).

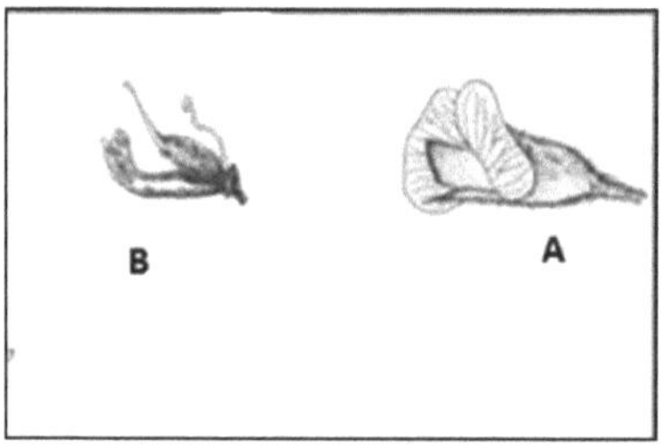

Figura 2: Morfologia da flor do grão-de-bico
(A) Flor zigomórfica, (B) estames, pistilo e ovário (Blumber., 1991).

4.2. Favas (Vicia faba L.)

A fava (V. faba L.) é uma importante leguminosa cultivada em cerca de três milhões de hectares em todo o mundo (Link et al., 1999), com mais de 50% da área cultivada na China, 20% no Norte de África e 10% na Europa (Abu-Amer et al., 2011). A sua cultura nos países da bacia mediterrânica representa quase 25% da superfície total cultivada e da produção mundial de feijão, com um rendimento muito próximo da média mundial (Saxena, 1991). Na Argélia, a cultura do feijão concentra-se principalmente nas planícies costeiras e nas zonas sublitorais, com uma superfície cultivada de cerca de 65 000 ha e uma produção de 20 000 a 38 000 toneladas por ano (Zaghouane, 1991cité par Benachour, 2008). Na wilaya de Tizi-Ouzou, a superfície média reservada à cultura do feijão é de 821,1 ha, que varia de ano para ano, influenciando a produção, que também varia, com uma média decenal (2001-2012) de 9040,6 qx (Khelloul, 2014).

4.2.1. Posicionar sistematicamente

De acordo com Reta Sanchez et al (2008), a fava é classificada botanicamente da seguinte forma Reino:Plantae

Divisão :Magnoliophyta

Classe :Magnoliopsida

Encomenda :Fabales

Família :Fabaceae

Subfamília :Faboideae

Tribo :Vicieae

Género :Vicia

Espécie: Vicia faba L.

4.2.2. Inflorescência

Uma planta de feijão tem 50 a 80 flores agrupadas em cachos de 2 a 9 flores. Cada uma destas inflorescências nasce na axila de uma folha. A floração inicia-se na base do caule e progride para cima, camada por camada. A flor é típica das Papilionáceas, com uma grande corola de 25 mm de comprimento, de cor branco-rosada com manchas pretas. É constituída por uma pétala grande (o estandarte), duas pétalas laterais ou asas que cobrem duas outras pétalas inferiores, unidas pelos seus bordos exteriores para formar a carina. Existem 10 estames, dos quais 9 estão fundidos pelos seus fios numa bainha (Fig.3).

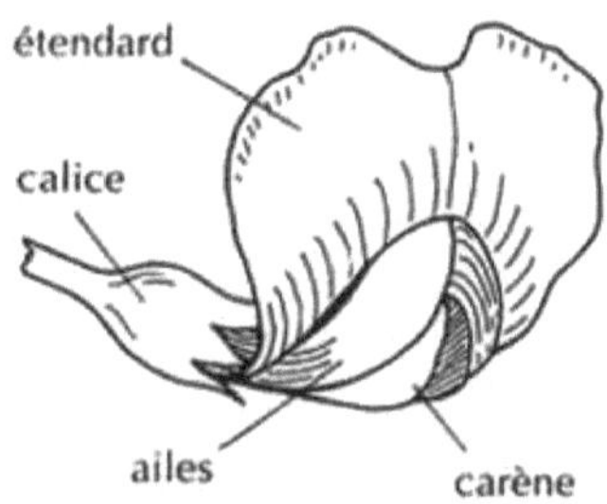

Figura 3: Esquema da flor de V. faba (Jaccon, 2015)

4.3. Aboborinha (Cucurbita pepo L.)

A curgete (Cucurbita pepo L.) é uma planta anual pertencente à família das Cucurbitáceas. É originária da América e foi amplamente cultivada na América Central e na América do Sul. Esta espécie pode ter sido domesticada pelo menos duas vezes e em duas regiões diferentes: no México e no leste dos Estados Unidos, C. fraterna e C. texana são possíveis progenitores

(Dhaliwal, 2017). Atualmente, são amplamente cultivadas em todos os países do mundo onde encontram condições favoráveis ao seu desenvolvimento. Esta vasta difusão da abóbora deve-se às qualidades nutricionais e gustativas do fruto. As abóboras são mais cultivadas na região mediterrânica, na Ásia e nos Estados Unidos. A China é o maior produtor de abóbora de verão, seguida da Ucrânia, do Afeganistão e da Turquia. Em conjunto, produzem 45% da produção mundial total (Dhaliwal, 2017). Na Argélia, é uma das culturas mais cultivadas, graças às condições climáticas e ao tipo de solo favoráveis. A produção é superior a 227 000 toneladas e duplicou desde 2000. As zonas de produção incluem Mostaganem, Argel, Boumerdes, M'Sila e Tipaza. As culturas em túnel em Tipaza, Biskra, Argel e Mostaganem representam uma produção de 33 000 toneladas (Anónimo 3, 2014).

4.3.1. Posicionar sistematicamente

De acordo com Feller et al (1995), a curgete é cientificamente classificada da seguinte forma
Reino: Plantae
Divisão :Magnoliophyta
Classe :Magnoliopsida
Encomenda :Violales
Família :Cucurbitaceae
Género :Cucurbita
Espécie: Cucurbita pepo L.

4.3.2. Flor

A curgete é uma planta monóica, em que cada planta tem dois tipos de flores: masculinas e femininas. As flores masculinas são sempre mais numerosas do que as femininas, o que é necessário para assegurar a fecundação destas últimas.

As flores da abóbora são muito grandes, de cor amarelo-alaranjada e unissexuais, masculinas ou femininas. As flores masculinas têm 5 estames com anteras sinuosas. As flores femininas identificam-se por uma pequena coroa na parte inferior da flor, que corresponde ao pistilo. As flores da abóbora têm uma duração de vida curta. Abrem-se de manhã e fecham-se por volta do meio-dia, para nunca mais se abrirem. Assim, cada flor feminina dispõe de poucas horas para ser fecundada. As flores masculinas distinguem-se pelo seu pedúnculo longo e delgado e pelo facto de não terem um ovário inferior por baixo da flor e de terem um androceu no seu interior, enquanto as femininas têm um ovário inferior que surge antes da flor e um pistilo no seu interior (Fig. 4).

As flores masculinas produzem néctar e pólen, cujos grãos são grandes e adaptados para serem transportados pelos insectos, ao passo que as flores femininas produzem apenas néctar e em maior quantidade, o que atrai um maior número de abelhas (Nepi e Pacini, 1993).

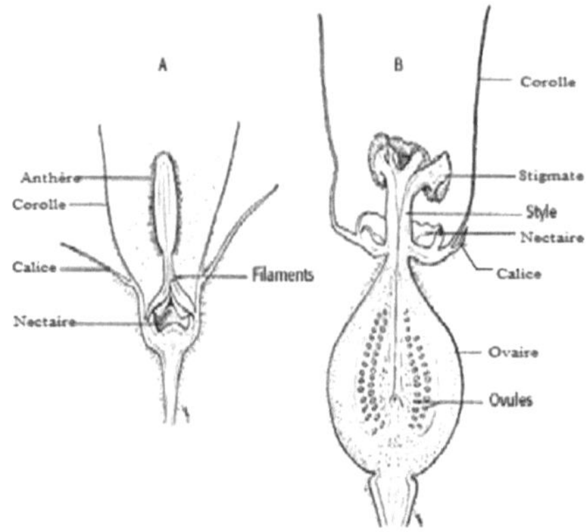

Figura 4: Secção longitudinal de flores masculinas (A) e femininas (B) de abóbora (Mc Gregor, 1976).

4.5. Melancia (Citrullus lanatus)

A melancia (Citrullus lanatus) é uma planta herbácea anual da família das Cucurbitáceas, monóica, com flores masculinas e femininas. É uma das mais importantes culturas hortícolas da família das Cucurbitáceas, sendo amplamente cultivada em todo o mundo. É originária das regiões secas da África Austral (Wein 1997 citado por Mc Gregor, 1976). Foi inicialmente cultivada nos países quentes e secos, tropicais e mediterrânicos, antes de ser introduzida nas regiões quentes e húmidas (Pitrat et al, 1999 citado por Hamza, 2014). A produção mundial de melancia para 2011 foi de 104.472.354 toneladas, na Argélia foi de 1.285.134 toneladas. De acordo com a FAO (2011), os cinco maiores produtores mundiais de melancia são a China, a Turquia, o Irão, o Brasil e os Estados Unidos (Hamza, 2014).

4.5.1. Posicionar sistematicamente

De acordo com Wehner (2008), a classificação botânica é a seguinte

Reino :Plantae
Sob o domínio :Tracheobionta

Divisão :Magnoliophyta

Classe :Magnoliopsida

Subclasse :Dileniidae

Encomenda :Violales

Família :Cucurbitaceae

Género :Citrillus

Espécie: Citrillus lanatus Thunb.

4.5.2. A flor

As flores da melancia são pequenas, com corolas amarelo-pálido, e surgem nas axilas das folhas. folhas, são, como na maior parte das Cucurbitáceas, masculinas ou femininas, mas neste caso estão todas presentes na mesma planta (planta monóica) (Fig.5). As flores abrem-se a 2 cm da base.horas após o nascer do sol. O pólen é geralmente libertado antes da abertura da flor, mas permanece nas anteras em massas pegajosas, a menos que seja removido por insectos. Os estigmas são receptivos enquanto a flor estiver aberta, mas a recetividade máxima ocorre entre as 9 e as 10 horas (Adlerz, 1966 citado por Delaplane e Mayer, 2000). As flores fecham-se à tarde e não voltam a abrir, mesmo que não sejam polinizadas. As flores da melancia atraem as abelhas para o néctar e o pólen, mas a sua densidade é baixa e as abelhas distraem-se facilmente a favor de recursos mais ricos (Delaplane e Mayer, 2000).

Figura 5. Fotografia de flores masculinas (A) e femininas (B) de Citrullus lanatus. (Fotografia original, 2016).

4.5. Cebola (Allium cepa L.)

Originária da Ásia Central, a cebola é cultivada desde a antiguidade. É uma das culturas mais cultivadas (Schweisguth, 1976), ocupando o quarto lugar no mundo em termos de produção hortícola. Na Argélia, a produção de cebola mais do que triplicou em 10 anos, atingindo 1.183.268 toneladas em 2012. A produção de cebola é particularmente elevada em Mascara (200.000 toneladas), Tiaret (174.000 toneladas), Mascara (200.000 toneladas) e Tiaret (174.000 toneladas). Boumerdes (140.000 toneladas) e Skikda (109.000 toneladas) (Anónimo 3, 2014). O Allium cepa L. é uma Liliaceae bienal que produz um bolbo comestível no primeiro ano e uma inflorescência esférica no final do segundo ano. As pequenas flores brancas são seguidas de cápsulas que contêm várias sementes.

4.5.1. Posição sistemática

De acordo com Nyakabwa (2009), a posição sistemática da cebola é a seguinte

Reino :Plantae
Sob o domínio :Tracheobionta

Divisão :Magnoliophyta

Classe :Magnoliopsida

Subclasse: Liliadae

Encomenda :Liliale

Família :Liliaceae

Tipo :Allium

Espécie: Allium cepa L.

4.5.3. Inflorescência

Cada inflorescência (umbela) é composta por 50 a 2.000 flores branco-esverdeadas. Cada flor, com 3 a 4 mm de comprimento, tem 6 estames dispostos em 2 espirais e um estilo com um ovário trilocular, com 2 óvulos por célula. As anteras dos estames interiores abrem-se primeiro, libertando o pólen uma após a outra; em seguida, as anteras dos estames exteriores abrem-se sucessivamente, a intervalos igualmente irregulares. A cebola é uma espécie alógama, pelo que os órgãos reprodutores masculinos libertam o pólen antes de os órgãos reprodutores femininos estarem receptivos (Fig.6). De facto, as anteras de uma flor abrem-se primeiro e libertam pólen durante 3 dias antes de o estigma da mesma flor estar recetivo durante 6 dias. As flores florescem durante 4 semanas, atingindo o seu máximo na segunda semana. A maior parte do pólen é libertado entre as 9 e as 17 horas do primeiro dia de abertura da flor, antes de o estigma estar recetivo. Os nectários estão situados na base dos estames e o néctar acumula-se entre o ovário e os estames interiores (Pesson e Louveaux, 1984).

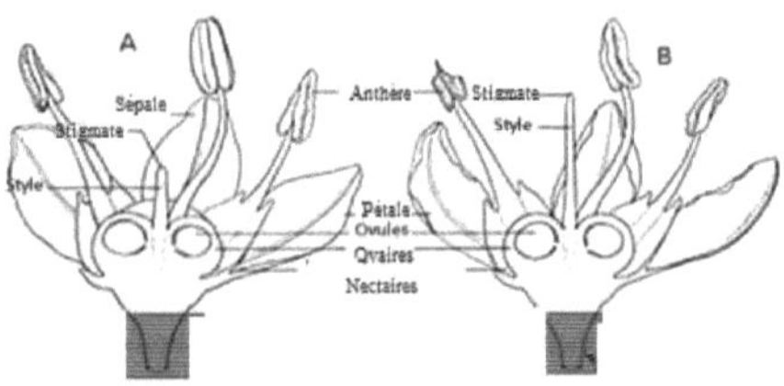

Figura 6: Flor de cebola (Allium cepa) (A) secção sagital na fase de produção de pólen, (B) flor na fase de recetividade estigmática (Mc Gregoor, 1976).

4.6. Alface (Lactuca sativa)

A Lactuca sativa é uma planta herbácea anual da família das Asteraceae. A alface apresenta duas fases muito distintas: a fase vegetativa, que forma uma cabeça mais ou menos fechada, corresponde ao estádio de desenvolvimento utilizado para a comercialização, e a fase reprodutiva, durante a qual o caule principal se alonga (bolting), conduz à floração e à produção de sementes. De acordo com Boissier, a espécie de alface terá tido origem em formas selvagens nas montanhas do Curdistão. A produção mundial de alface é de cerca de 22 milhões de toneladas. Os principais países produtores são a China (10 milhões de toneladas), os Estados Unidos (5 milhões de toneladas), a Espanha (1 milhão de toneladas) e a Itália (0,83 milhões de toneladas), com a França a produzir 0,46 milhões de toneladas (Anonymous 3,

2017). Na Argélia, é cultivada em todas as zonas, sendo que as variedades mais cultivadas se enquadram nos seguintes grupos:

- Alfaces de corte: alface loura, alface americana encaracolada
- Alfaces de repolho: Queen of May, golden yellow gotte, batavia, 4-season wonder,

teimosa de Nîmes, divina.

- Alface romana: Balen, horta do mercado loiro (Anónimo 4, 2010).

4.6.1. Posicionar sistematicamente

De acordo com Chase e Revel (2009), a alface é classificada da seguinte forma

Reino :Plantae
Sob o domínio :Tracheobionta

Divisão :Magnoliophyta

Classe :Equisetopsida

Subclasse :Magnoliidae

Ordem :Asterales
Família :Asteraceae
Subfamília :Cichorioideae
Tribo :Lactuceae
Subtribo :Lactucinae
Género :Lactuca
Espécie: Lactuca sativa L.

4.6.2. Inflorescência

A inflorescência é uma panícula constituída por vários cachos. Cada cacho tem 15 a 25 flores ou mais. O mecanismo de polinização é facilitado pela autopolinização, com as brácteas a abrirem-se à medida que as flores se desenvolvem. As flores alongam-se rapidamente 24 horas antes da antese. O estilo e o estigma estão cobertos de cerdas brancas. A deiscência da antera ocorre antes do alongamento do pistilo. À medida que o pistilo se alonga, as cerdas próximas empurram o pólen para fora do saco polínico. Os lóbulos do estigma separam-se, permitindo que o pólen caia na papila estigmática, situada na superfície interna. É assim que se efectua a fecundação (Salunkhe et al 1987 citado por Hebie, 2001).

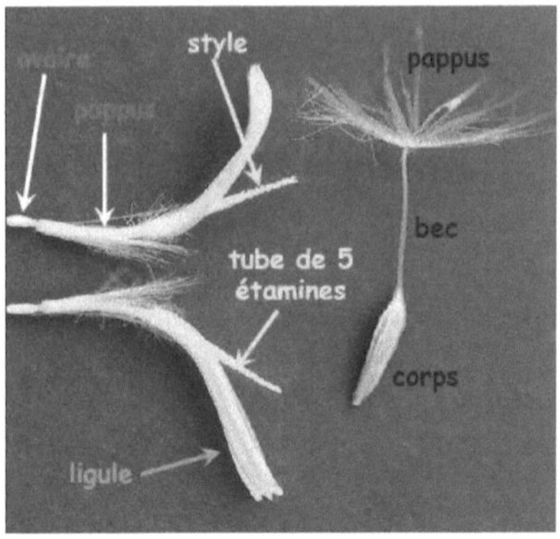

Figura 7: Fotografia do aspeto morfológico de um florete e de um aquénio contendo a semente de alface (Zorrig, 2011)

4.7. Laranja

A laranjeira (Citrus sinensis L.) é uma espécie de arbusto frutífero da família das Rutáceas, cultivada em regiões quentes como o Mediterrâneo. Este híbrido antigo é provavelmente um cruzamento entre a toranja e a tangerina. A cultura da laranjeira é muito antiga e está ligada à história da China, de onde é originária. Durante o primeiro milénio a.C., a laranjeira espalhou-se rapidamente pelo Sudeste Asiático, chegando ao Mediterrâneo no século VII. A produção mundial de citrinos atingiu 60 milhões de toneladas em 2000, sendo o Brasil o maior produtor com 18 milhões de toneladas, seguido da Florida com 11 milhões de toneladas e da bacia mediterrânica com 10 milhões de toneladas. (Anónimo 5, 2012). Os pomares de citrinos da Argélia (principalmente laranjas, com algumas clementinas e limões e muito poucas tangerinas e pomelos) estão estimados em 65.000 ha, mais de 50% dos quais estão localizados na região de Mitidja. As wilayas de Annaba, Skikda, Oran, Mascara, Mostaganem, Chlef, Blida, Algiers e Tipasa são as principais zonas de produção (no total, 43% dos citrinos são cultivados na planície de Mitidja, 27% na região de Chélif e 7% em Mascara). Os pomares estão localizados em terras ricas e irrigadas (Anónimo 3, 2014).

4.7.1. Posicionar sistematicamente

De acordo com Praloran (1971), a posição taxonómica dos citrinos segundo Swingle é a seguinte

4.7.2. A flor

Reino :Planta
Filo :Angiospérmicas
Classe :Eudicotes
Subclasse :Archichlomydeae
Ordem :Germinal(Rutales)
Família :Rutaceae

Subfamília :Aurantioideae

Tribo :Citreae

Subtribo :Citrinae

Género :Citrinos

Espécie: Citrus sinensis L.

As flores têm entre 2 e 4 cm de diâmetro, são axilares, perfumadas, simples, frequentemente perfeitas (com estames e pistilos funcionais) e por vezes estaminadas (com estames mas sem pistilos). O cálice é lobado, geralmente composto por cinco pétalas com glândulas que contêm essências aromáticas. Os estames são entre 20 e 40 e as pétalas são branco-rosadas, púrpura-rosadas para o exterior nos limões e avermelhadas nas outras variedades de citrinos (Fig.8). O ovário é encimado por um estigma maciço, composto por 8 a 18 lóculos (cavidades), com 4 a 8 óvulos por lóculo, em duas filas (Selka, 2007).

Figura 8: A flor de laranjeira (Fotografia original, 2016)

CAPÍTULO II
MATERIAIS E MÉTODOS

1. Introdução à região

1.1. Dados geográficos para a wilaya de Tizi-Ouzou

A região de Tizi-Ouzou (Grande Cabília) situa-se na costa centro-oriental da Argélia e cobre uma superfície de 2.958 km^2 . Situa-se entre 3°35'e 5°05'E de longitude e entre 36°22'e 36°55'N de latitude. Limita a norte com o Mar Mediterrâneo, a sul com a Wilaya de Bouira, a leste com a Wilaya de Bejaia e a oeste com a Wilaya de Boumerdès. O seu relevo geográfico é caracterizado pelas vastas regiões montanhosas do Djurdjura, que atinge uma altitude de 2 308 m, uma cordilheira costeira de altas colinas a uma altitude de 500 a 1 000 m, e o vale do Sébaou, cuja altitude mal ultrapassa os 500 m. Este vale é serpenteado pelo Oued Sébaou, que constitui a principal fonte de água (Belhadi, 2010).

1.2. Dados climáticos

A região de Tizi-Ouzou, no norte da Argélia, é influenciada pelo clima mediterrânico. Os dados climáticos utilizados para a análise são provenientes da estação meteorológica do "Office National Météorologique" em Tizi-Ouzou.

1.2.1. Temperatura

A temperatura é um elemento muito importante do clima. Está ligada à radiação solar, à altitude e às condições ambientais locais. As temperaturas registadas em 2016, 2017 e 2018 (Tab. 1) mostram que o mês mais frio durante este período foi março, janeiro e fevereiro, respetivamente, com temperaturas médias mensais de 12,5°C, 8,9°C e 9,9°C. Os meses mais quentes foram julho em 2016 e 2018, e agosto em 2017, com temperaturas médias mensais de 27,9°C e 29,7°C, respetivamente.

Quadro 01: Temperaturas médias mensais (°C) na estação meteorológica de Tizi-Ouzoude 2016 a 2018.

	Jan	Fev	março	abril	maio	junho	julho	agosto	Sete	outubro	Nov	Dez
2016	12.8	12.6	12.5	16.1	19	24.3	27.9	27.1	24.3	22.5	15.7	12.6
2017	8.9	12.7	14.5	16.4	21.8	26.4	29.4	29.7	23.9	19.5	13.7	10.4
2018	11.2	9.9	13.6	16.5	17.8	22.8	27.8	27.4	25.3	19.1	14.9	11.9

1.2.2. Precipitação

A precipitação é um fator ecológico fundamental. É um dos principais elementos do clima que afecta as plantas de que se alimenta a vida selvagem, mas também é responsável pela presença e densidade de certos animais num determinado ambiente. O quadro 2, que apresenta a precipitação registada, mostra que os meses mais chuvosos durante os três anos em estudo foram março com uma precipitação média de 185,3 mm, janeiro com 250 mm e março com 187 mm. Por outro lado, julho e agosto foram os meses mais secos, com uma precipitação média de 0 a 0,5 mm.

Tabela 02: Variações mensais da precipitação (em mm) na estação de Tizi-Ouzou, período 2016, 2017 e 2018.

	Jan	Fev	março	abril	maio	junho	julho	agosto	Sete	outubro	Nov	Dez
2016	9.9	96.2	185.3	61.8	68.4	5.9	0	0	4.2	16.6	68.4	150.1
2017	250	36	29	37	2	8.8	0.4	0	37.8	35.3	126	138
2018	31	108	187	102.0	33	34	0.5	0	42	182	175	44.0

1.2.3. Humidade atmosférica

É um estado do clima que corresponde à quantidade de água contida no ar. A humidade atmosférica registada durante o período de estudo 2016-2018 mostra que o mês mais húmido é dezembro com 85% e 83% respetivamente, o mês menos húmido é julho com níveis de humidade de 55%, 49% e 59% respetivamente (Tab. 3).

Quadro 03: Variações mensais da humidade relativa do ar (em %) na estação de Tizi.Ouzou, 2016, 2017 e 2018.

	Jan	Fev	março	abril	maio	junho	julho	agosto	Sete	outubro	Nov	Dez
2016	76	73	76	75	71	59	55	59	62	65	72	85
2017	82	75	72	68	62	58	49	56	61	66	76	83
2018	79	80	75	75	80	68	59	60	67	76	77	83

1.2.4. Clima de síntese

1.2.4.1. Diagrama umbro-térmico de Bagnouls e Gaussen

Bagnouls e Gaussen (1953) consideram que um mês seco é aquele em que a precipitação total expressa em milímetros é inferior ou igual ao dobro da temperatura expressa em graus Celsius. O diagrama é concebido de modo a que a escala de precipitação P expressa em milímetros seja igual ao dobro da temperatura média mensal (T) expressa em graus Celsius, ou seja, P = 2T.

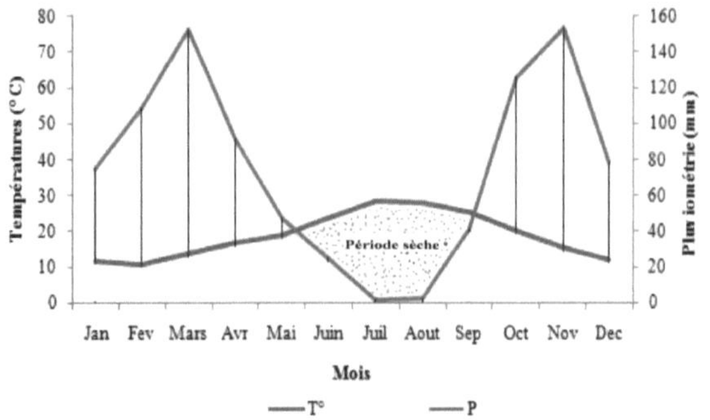

Figura 9: Diagrama umbro-térmico de Bagnouls e Gaussen para a região de Tizi-Ouzou (2007-2018).

Na região de Tizi-Ouzou, o diagrama umbro-térmico (Fig.9) mostra que a seca é particularmente intensa no verão, começando em maio e prolongando-se até ao fim de setembro, quando dura 5 meses. Quanto ao período húmido, estende-se do início de janeiro ao final de maio, quando é interrompido pelo período seco, e recomeça no final de setembro até ao final de dezembro.

1.2.4.2. Climagrama de EMBERGER aplicado à região de estudo

Para situar a nossa região de estudo no climograma de Emberger para a Argélia, as médias anuais (mínimas e máximas) da temperatura e da precipitação são essenciais para calcular o quociente de Emberger simplificado por Stewart, que se escreve **da** seguinte forma

$$Q_2 = 3.43 \times P/M\text{-}m$$

P: precipitação média anual (mm).

M: Temperatura média de todos os máximos do mês mais quente. m: Temperatura média de todos os mínimos do mês mais frio.

O quociente pluviométrico de Emberger (Q_2) calculado para Tizi-Ouzou para um período de 10 anos será, portanto, de : **Q2 = 3,43 x 868,26 / 36,2 - 7 = 102**

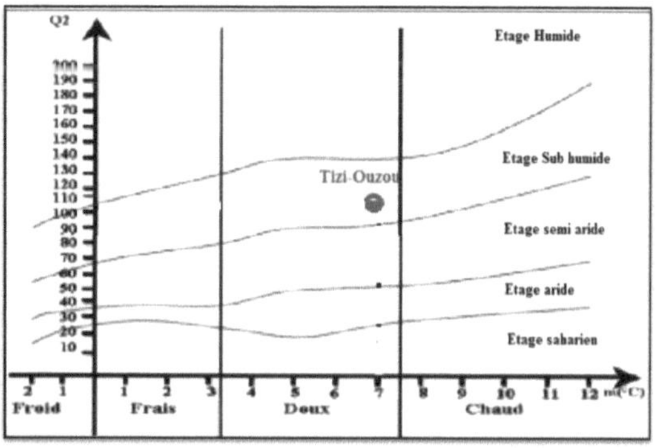

Figura 10: Climagrama de Emberger para a região de Tizi-Ouzou (2008 a 2018).

Os dois valores Q2 e m colocam a nossa região de estudo no estádio bioclimático sub-húmido com invernos suaves (Fig.10). A distribuição das regiões no climagrama de Emberger é influenciada por factores topográficos e climáticos.

1.3. Vegetação

As plantas são a fonte exclusiva de alimentação dos apídeos e a vegetação constitui igualmente um habitat para as abelhas que nidificam na madeira ou nos caules das plantas. A carta de ocupação do solo mostra a importância da arboricultura rústica, com os olivais a ocuparem em grande parte as encostas do maciço central (maciço de Kabyle), com declives que ultrapassam frequentemente os 25%. As planícies de Sébaou e Draâ El Mizan são aradas e cultivadas durante quase todo o ano. As vinhas e a arboricultura representam 52% da superfície total ocupada pelas planícies e as florestas dominadas pelo carvalho e pelo cedro vêm em segundo lugar, com 34%. Esta distribuição evidencia o carácter agro-silvo-pastoril da região. A vegetação é geralmente muito densa na Cabília (Asla, 2002).

1.4. rede hidrográfica

Os recursos hídricos revestem-se de um interesse particular para a flora e a fauna. A rede hidrográfica de Tizi-Ouzou é constituída por duas grandes bacias hidrográficas: a bacia de Oued Sébaou e a bacia costeira. A parte inferior da bacia apresenta um lençol freático elevado, devido ao seu subsolo essencialmente impermeável. Nas montanhas, a infinidade destas fontes de água é alimentada pela elevada pluviosidade e pela fusão das neves do maciço de Djurdjura. Estas alimentam o Oued Sébaou, que funciona como o principal coletor da rede hidrográfica. A barragem de Taksebt, com uma capacidade de 175 milhões de m^3 de água, foi construída em 2001 em Oued-Aissi para melhorar o abastecimento de água potável às populações de Tizi-Ouzou, Boumerdès e Argel.

1.5. Natureza do solo

O tipo de solo tem uma grande influência sobre o tipo de vegetação. O solo não só fornece os elementos minerais necessários ao crescimento das plantas, que por sua vez se tornam uma fonte de alimento para os insectos que se alimentam de flores, nomeadamente as abelhas, uma vez que tem uma influência considerável na intensidade do néctar das flores, como também serve de abrigo às abelhas selvagens terrestres. Do ponto de vista litológico, o flysch e o xisto, formações moderadamente resistentes à erosão, predominam nas montanhas costeiras e no maciço de Kabyle. As margas e argilas, pouco resistentes à erosão, ocupam uma área muito mais reduzida do que as primeiras; localizam-se nas duas depressões: Sébaou (que inclui Tizi-Ouzou) e Draâ El Mizan (Asla, 2002).

2. Estudo da estação

As investigações foram efectuadas durante 2016, 2017 e 2018 no Institut Technique Moyen Agricole Spécialisé (I.T.M.A.S) em Boukhalfa, situado a 8 km da cidade de Tizi-Ouzou e limitado a norte pelo Oued Sébaou. As coordenadas geográficas deste instituto correspondem a 36°44`46``N de latitude, 04°01`18``E de longitude e 89 m de altitude. A parcela mede 160 m^2 (40 m de comprimento por 4 m de largura) e situa-se no interior de um pomar de citrinos (laranjeiras, tangerineiras e limoeiros) e das parcelas experimentais do instituto. As espécies vegetais registadas incluem: Oxalis pes-caprae L. (Oxalidaceae), Sinapis arvensis L. (Brassicaceae), Urospermum dalechampii L. e Centaurea pullata L. (Asteraceae), Convolvulus tricolor L. e Convolvulus arvensis L. (Convolvulacea) (Fig.11).

Figura 11. Fotografia da parcela I.T.M.A.S (Boukhalfa) (Fotografia original, 2016).

2.1. Plantas estudadas

Foram efectuadas observações em favas (Vicia faba L.), cebolas (Allium cepa L.), alfaces (Lactuca sativa L.), curgetes (Cucurbita pepo L.) e melancias (Citrullus lanatus .) em 2016 e 2017, e em grão-de-bico (Cicer arietinum L.) em 2017. Por último, o estudo sobre laranjeiras (Citrus sinensis L.) foi realizado em 2016, 2017 e 2018.

O quadro 4 indica a variedade, as datas de sementeira e de floração e o sistema de plantação de cada uma das plantas estudadas.

Quadro 4. Variedades, datas de sementeira e densidade das diferentes plantas estudadas.

Plantas	Variedades	Data de sementeira	Data de início de floração	densidade
Feijões Vicia faba L	importante	15 de dezembro de 2015 06 de dezembro de 2016	22 de fevereiro de 2016 15 de fevereiro de 2017	25 plantas/m2
Grão-de-bico Cicer arietinum L.	Kabuli	02 de janeiro de 2017	23 de abril de 2017	25 plantas/m2
Alface Lactuca sativa L.	Wafia	17 de março de 2016 24 de março de 2017	14 de junho de 2016 23 de junho de 2017	20 plantas/m2
Cebola Allium cepa L.	Vermelho escuro D'Amposta	21 de dezembro de 2015 27 de dezembro de 2016	12 de maio de 2016 25 de maio de 2017	20 plantas/m2
Courgette Cucurbita pepo L.	Argel Verde	08 de março de 2016 17 de março de 2017	12 de maio de 2016 18 de maio de 2017	2 plantas/m2
Melancia Citrullus lanatus Thunb.	Charleston cinzento	02 de junho de 2016 25 de maio de 2017	04 de maio de 2016 02 de maio de 2017	2 plantas/m2
Laranjeira Citrus sinensis L.	Mistura de variedades	/	02 de março de 2016 05 de abril de 2017 27 de março de 2018	

3. Métodos de estudo da fauna apoidal e do seu impacto no rendimento dos cereais

3.1. Inventário e densidade da fauna polinizadora

Para realizar o inventário dos insectos forrageadores nas diferentes plantas estudadas, optámos por dois métodos diferentes, consoante se tratasse de plantas de jardim ou de árvores de fruto (citrinos).

a. Plantas

O método do quadrado é utilizado para observação, contagem de polinizadores e densidade floral (Sonnet e Jacob-Remacle 1987; Abrol 1988). Nove quadrats de 1 m^2 cada um são delimitados por meio de fils e estacas nas duas primeiras fileiras a partir da borda da cultura. A distância entre dois quadrats é de 50 cm (Fig. 12 a). Todos os quadrats estão expostos ao sol e recebem a mesma quantidade de água. De dois em dois dias, a partir da floraison, o observador percorre os quadrats das 7 às 16 horas (Gmt + 1). Em cada um deles e durante 7 a 8 minutos, conta os insectos forrageadores. Alguns exemplares de cada espécie encontrada são capturados para identificação no laboratório e criação de material de referência. Simultaneamente à contagem, a densidade de fleurs abertos é detectada em cada um dos quadrats. A densidade de insectos é assim estimada relacionando o número de insectos contados com um número definido de 100 fleurs. Este método é atualmente o mais frequentemente utilizado para comparar densidades de polinizadores em culturas (Pierre et al. 1997, 1999).

b. Laranjeira

O pomar de citrinos ocupa uma superfície de 0,8 ha. O número de árvores do pomar é de 149 (101 laranjeiras, 42 tangerineiras e 6 limoeiros). A fenologia floral é determinada pela contagem do número de cachos de flores formados em cinco ramos em cada ponto cardeal (Norte, Sul, Este, Oeste) de 5 árvores seleccionadas aleatoriamente (De Grandi- Hofman, 1988; 1990 citado por Louadi, 1999a). O número de cachos é multiplicado pelo número médio de flores por cacho. A densidade floral foi determinada de dois em dois dias durante a floração.

A contagem das abelhas foi efectuada segundo o método do transecto adaptado às árvores de fruto (Jacob-Remacle, 1989). Trata-se de cinco filas de 50 m, cada uma com 10 árvores (fig. 12b). Os apídeos foram amostrados no pomar três vezes por semana. A densidade de abelhas foi estimada por hectare.

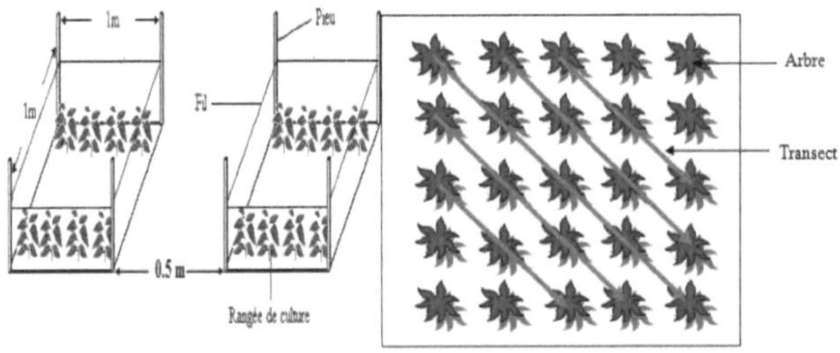

a. Método do quadradob Método do transecto

Figura 12: Métodos de estudo da fauna apoideia em meios cultivados (Benachour, 2008, Cherair, 2016).

4.3.3. Técnica de captura de Apoides

De acordo com Pierre et al (1997), a determinação das espécies deve ser efectuada à vista, no decurso de observações específicas da experiência, de modo a não modificar a estrutura da população de insectos por amostragem. No caso de espécies pouco conhecidas, trata-se de capturar alguns indivíduos da espécie a determinar, para que possam ser facilmente identificados no terreno. A armadilha não é recomendada para este tipo de estudo, por duas razões: em primeiro lugar, a armadilha é suscetível de ser selectiva (algumas espécies são menos susceptíveis de serem capturadas do que outras) e, em segundo lugar, apenas devem ser considerados os indivíduos que visitam efetivamente a planta para polinização (Pierre et al., 1997).

4.3.3.1. Caça à vista

De acordo com Merlguet et al (2004), este método é utilizado em tempo de sol, utilizando uma rede de borboletas para capturar abelhas grandes e de voo rápido, como as Xylocopinae, Anthophorinae e Bombinae. Os insectos capturados são colocados num saco de plástico com um chumaço de algodão embebido em etanol, para que as abelhas morram rapidamente sem serem danificadas.

4.3.3.2. Captura direta utilizando caixas de plástico

Esta técnica é realizada por abordagem direta, utilizando caixas de plástico com 11 cm de altura e 8 cm de diâmetro, contendo um chumaço de algodão embebido em algumas gotas de etanol. Este método permite capturar facilmente várias espécies de abelhas, o que permite uma caça eficaz, reduzindo os riscos de fratura e de ferimentos, e é particularmente útil para a colheita de espécies pequenas.

3.1.2. Técnica de identificação de Apoïdea

A identificação de uma abelha até à sua classificação específica não é fácil. É feita com o auxílio de uma lupa binocular, utilizando várias chaves de determinação que permitem separar os diferentes géneros e espécies de abelhas. Os exemplares capturados durante este estudo foram determinados principalmente utilizando as seguintes chaves: Patiny e Terzo (2010), Terzo e Rasmont (2010), Pauly (2014), Rasmont e Terzo (2010).

A determinação foi igualmente efectuada com material de referência do laboratório de Zoologia da Universidade de Mons Hainant (Bélgica) e do laboratório de Entomologia da Universidade Mouloud Mammeri de Tizi-Ouzou.

Os espécimes recolhidos são picados com alfinetes entomológicos de tamanho adequado e etiquetados. Uma etiquetagem rigorosa é essencial para evitar qualquer perda de dados e informações relativas a cada espécime (local e data, planta hospedeira, etc.). Cada espécime tem 3 etiquetas (Fig. 13).

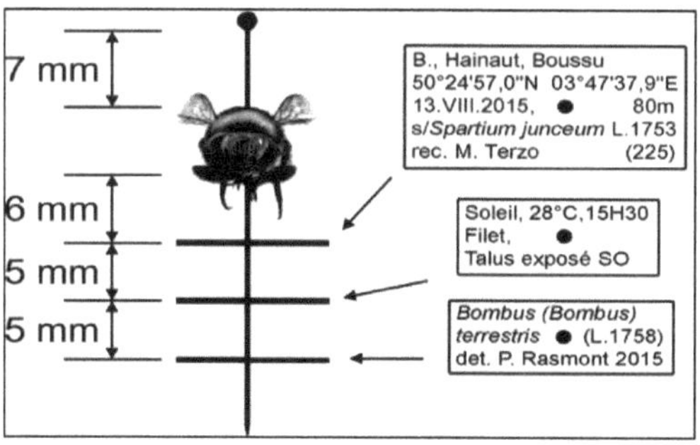

Figura 13: montagem dos exemplares de Apoide (Segundo o Laboratório de Zoologia, Mons).

3.2. Comportamento de forrageamento dos insectos

O comportamento de forrageamento das espécies mais frequentes é observado na planta desde a abertura até ao fecho das flores em plena floração. Observámos os comportamentos de forrageamento para compreender a natureza das visitas (objetivo da visita). Registamos o objetivo alimentar das visitas dos diferentes polinizadores; ao mesmo tempo, observamos se o inseto forrageador toca ou não no estigma da flor. Como em outros trabalhos sobre a polinização, as visitas com contacto estigma-inseto serão descritas como visitas polinizadoras ou positivas (Jacobe-Remacle, 1989).
Para avaliar a eficiência da polinização, medimos o número de flores visitadas por minuto. O número médio de flores visitadas por minuto foi então calculado para estimar a velocidade das espécies de abelhas observadas.

3.3. Avaliação do impacto da polinização entomófila na produção de grãos

Para estudar o impacto da polinização entomófila no rendimento de grãos de feijão e cebola durante a floraison em 2016, foram montados 18 quadrats de $1m^2$ cada. Nove desses quadrats são deixados livres para o acesso dos polinizadores, enquanto os outros nove quadrats são enclausurados com tule (no caso da cebola, apenas as inflorescências são embrulhadas) para proibir o acesso dos polinizadores (Fig.14). Na altura da colheita, as sementes maduras de feijão e de cebola são descascadas. Para cada quadrat, o peso e o número total de sementes colhidas por planta e por inflorescência são estabelecidos para comparar o rendimento das sementes dos quadrats enjaulados com o dos quadrats acessíveis às abelhas.

Feijões Cebolas

Figura 14: Fotografia dos quadrats em gaiola e dos quadrats deixados livres para o acesso das abelhas
(Fotografia original, 2016).

3.4. Análise estatística dos dados

O teste U de Mann Whitney (utilizado para números pequenos ou quando a distribuição dos dados não é normal) é utilizado para comparar as médias nos quadrats livres e nos quadrats em gaiola para o estudo do efeito da polinização entomófila sobre o rendimento das plantas, a velocidade de forrageamento e o tempo passado pelas abelhas nas flores das duas Cucurbitáceas. Foi utilizada uma análise de variância (ANOVA) de um fator para comparar a velocidade de forrageamento das abelhas nas flores de laranjeira em diferentes momentos da sua atividade. Foi utilizado um teste de normalidade (teste de Shapiro-Wilk) para verificar a normalidade da distribuição dos dados para as diferentes médias calculadas e os diferentes testes estatísticos efectuados. As diferentes análises estatísticas foram efectuadas com recurso ao software Statistica versão 7 e Statbox versão 6.40. Os gráficos foram elaborados com recurso ao Excel versão 2007.

CAPÍTULO III
RESULTADOS E DISCUSSÃO

No final deste estudo, são desenvolvidos vários aspectos. Em primeiro lugar, é descrita a floração de cada uma das diferentes plantas estudadas. Além disso, o nosso estudo permitiu-nos conhecer a atividade forrageira dos apóides e compreender a diversidade e a densidade dos polinizadores em cada uma das culturas estudadas (fava, grão-de-bico, cebola, curgete, melancia, alface, laranja). Para o efeito, estimámos a qualidade ou a eficácia da polinização das principais espécies de abelhas que observámos nas flores das plantas estudadas. A eficácia de polinização das abelhas encontradas é também avaliada ao nível da cultura, salientando o seu impacto no rendimento da cultura. Este último aspeto diz respeito apenas às favas (Vicia faba) e às cebolas (Allium cepa), e as nossas observações mostram o efeito da polinização entomófila sobre o rendimento em grão destas plantas muito comuns e muito cultivadas.

1. Favas (Vicia faba L.)

1.1. Floração da planta

Para verificar se existe uma sincronização entre a evolução temporal do número de abelhas e a das flores da planta forrageira, neste caso a V. faba, procedemos à contagem simultânea das abelhas e das flores. Várias espécies vegetais cultivadas têm períodos de floração primaveril curtos, incluindo as favas. Durante os dois anos de observação, em 2016 e 2017, a floração da V. faba começou a 22 de fevereiro e a 15 de fevereiro, respetivamente, e durou 48 e 33 dias. Uma planta de fava tem entre 27 e 58 flores (33 flores/planta em média) agrupadas em inflorescências. Contámos uma média de 7 inflorescências por planta e 4 flores por inflorescência. Durante a floração da V. faba, as flores desenvolvem-se primeiro na base dos caules, deslocando-se progressivamente para cima durante a semana seguinte. As abelhas colonizam a parcela logo que aparecem as primeiras flores de faba. O número de abelhas aumenta progressivamente com o tempo e acompanha a evolução do número de flores de V. faba. De facto, o maior número de visitas é registado durante o período de plena floração desta planta, atingindo o seu pico em 15 de março de 2016 e 01 de março de 2017 com picos de abundância respectivos de 166 e 187 indivíduos (Fig. 15 a e b). Perto do final da floração, a densidade de abelhas diminui gradualmente à medida que a floração diminui.

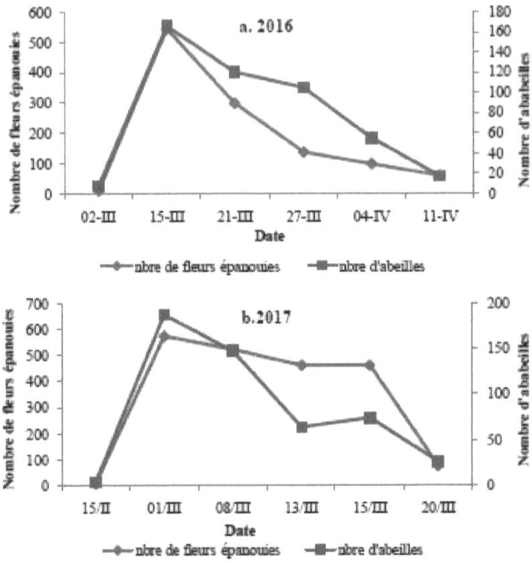

Figura 15: Ciclo de floração de V. faba e densidade de abelhas durante as florações de 2016 (a) e 2017 (b).

1.2. Diversidade e densidade de polinizadores

O estudo efectuado em V. faba durante as duas florações revelou que esta leguminosa atrai uma entomofauna polinizadora composta quase exclusivamente por himenópteros apóides pertencentes a três famílias: Apidae, Megachilidae e Andrenidae. Foram registadas sete espécies, mas apenas três delas foram observadas durante os dois períodos de floração: Eucera numida Lepeletier 1841, Apis mellifera L. 1758 e Xylocopa violacea L. 1758.

Os números de visitas observados para os dois períodos de floração estudados são apresentados no quadro 5. Os resultados mostram que a espécie mais abundante nas flores do feijão é a abelha solitária E. numida, que representa sozinha mais de metade do número total de abelhas (64%) e uma densidade de 8 a 17 indivíduos por 100 flores (Tab. 6). É também a única espécie que está presente nas flores durante todo o período de floração. Em segundo lugar, a abelha melífera A. mellifera com 31%. Por outro lado, a X. violacea e outras espécies estão presentes apenas ocasionalmente.

Tabela 5: Número de espécimes (Nind) e frequências relativas (%Nind) de apoides registados durante os transectos

Família	Espécies	N	N%
	Eucera numida Lepeletier 1841	494	64
	Apis mellifera L., 1758	243	31
Apídeos	Bombus terrestris L. 1758 Xylocopa violacea L. 1758	16 12	2 1,5
	Bombus ruderatus Fabricius, 1775	8	1
Megachilidae	Osmia rufa L. 1758	1	0,13
Andrenidae	Andrena. Sp.	1	0,13
Total	7 espécies	775	100

Tabela 6: Número médio de polinizadores por 100 flores de V. faba durante as épocas de floração de 2016 e 2017

Família	Espécies	2016	2017
	Eucera numida	8	17
	Apis mellifera	3	4
Apida	Xylocopa violacea	<1	<1
	Bombus terrestris		1
	Bombus ruderatus		<1
Megachilidae	Osmia rufa		<1
Andrenidae	Andrena sp.	<1	

1.3. Atividade forrageira dos apóides

Durante os dois períodos de floração de V. faba (2016 e 2017), os apídeos começam a aparecer às 9h e às 10h, respetivamente, quando surgem os primeiros raios de sol e a temperatura atinge uma média de 18°C e a humidade relativa aproxima-se dos 60%. Nas horas que se seguem, assiste-se a um aumento progressivo do número de abelhas forrageiras e à colonização da zona floral. A evolução do número de abelhas (todas as espécies em conjunto) durante as diferentes horas do dia (9-15h) é apresentada na figura 16. Os nossos resultados mostram que a atividade das abelhas varia de hora a hora. As abelhas parecem concentrar as suas visitas florais entre as 12h00 e as 15h00, período que corresponde à abertura óptima de um grande número de flores de feijão susceptíveis de serem forrageadas. Durante os dois períodos de floração, as nossas observações registaram um número máximo de forrageadoras às 15 horas.

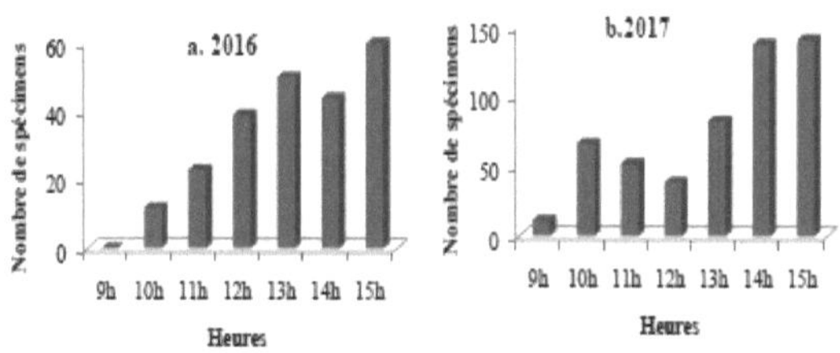

Figura 16: Número total de apoides registados em diferentes horas do dia durante os blooms de 2016 (a) e 2017 (b).

1.4. Comportamento de forrageamento e eficiência polinizadora

O comportamento de forrageamento das duas espécies mais frequentes nas flores de V. faba, E. numida e A. mellifera, foi observado durante a floração em 2016 e 2017. Observámos que E. numida pratica sempre o forrageamento positivo penetrando no interior da flor (Fig.17 a, b). Observámos também que 47% destas visitas diziam respeito à recolha de néctar, 13% ao pólen e 40% à recolha mista de pólen e néctar (Tab. 7).

A abelha melífera só forrageia positivamente quando recolhe o pólen, ou seja, apenas em 28% das suas visitas. Em contrapartida, para recolher o néctar (72% das visitas), utilizam sempre os orifícios feitos pelos abelhões na base da corola e os nectários extra-florais (Fig. 17 c), extraindo o néctar sem tocar nos estames, o que não permite polinizar a flor. Quanto à frequência das visitas, os nossos resultados mostram que a abelha melífera visita mais vezes do que a abelha melífera (Tab. 8). Se examinarmos os números e a eficácia de polinização das duas florações para estas duas espécies de abelhas, verificamos que 88% da polinização da fava é efectuada por E. numida. Podemos portanto deduzir que esta espécie é a mais eficaz nesta planta.

Tabela 7. Distribuição das visitas florais (em %) em função do produto floral colhido e da sua eficácia de polinização durante as épocas de floração de 2016 e 2017
P: pólen; N: néctar; +: visita de polinização; -: visita de não polinização

	Eucera numida	Apis mellifera
Número de visitas observadas	494	243
P+	13%	28%
N+	47%	0%
N-	0%	72%
(P+N)	40%	0%
Total de visitas de polinização	100%	28%

Quadro 8: Número de visitas observadas e visitas polinizadoras das duas espécies mais abundantes nas flores de V. faba (apenas uma visita é contada por inseto).

Floração	Espécies	Número de espécimes observados (N)	N%	Número de visitas de polinização (P)	P%
2016	Eucera numida	106	40	106	85
	Apis mellifera	162	60	18	15
2017	Ecera numida	388	83	388	88
	Apis mellifera	81	17	51	12
Total	Eucera numida	494	67	494	88
	Apis mellifera	243	33	69	12

-a- homem-b- mulher-c-

Figura 17: Forrageamento positivo por Eucera numida (a, b) e forrageamento negativo por Apis mellifera.
(c) em flores de feijão (fotografia original, 2016).

1.5. Eficiência polinizadora

Avaliámos a eficácia de polinização de duas espécies, A. mellifera e E. numida. Para distinguir os machos e as fêmeas de E. numida no campo, basta observar o comprimento das suas antenas, que são muito mais longas no macho (Fig. 17 a e b). A eficácia da polinização é também avaliada pela velocidade com que as abelhas forrageiam. A distribuição das espécies de abelhas segundo o número de flores visitadas em função do tempo (número de flores por minuto) (Tab. 9) mostra que as visitas mais frequentes são as do macho E. numida (figura 17a), que forrageia as flores a uma velocidade média de 9 flores por minuto (fls/mn). Quanto às fêmeas desta mesma espécie (figura 17 b), parecem ser mais lentas do que os machos e tão rápidas como a abelha melífera (6 fls/mn), visitando as flores a um ritmo médio de 7 flores/mn. Os resultados do Teste Mann Whitney (p<0,05) (Tab. 9) mostram que durante a floração em 2017, os machos de E. numida foram significativamente mais rápidos que as fêmeas.

Quadro 9: Número médio de flores de V. faba visitadas por minuto pelas principais espécies de abelhas durante a época de floração de 2017.
(±: erro padrão; N = número de espécimes observados). (Teste Mann Whitney (U); p<0,05)

Espécies	N	velocidade	U	P
Eucera numida (fêmea)	32	7 ± 1.36	109	0
Eucera numida (macho)	32	9 ± 1.4		
Apis mellifera	32	6 ± 1.13		

1.6. À procura de abelhas comestíveis

A atividade de E. numida nas flores de feijão começa às 10 horas da manhã, sendo a maioria das visitas florais dedicadas à recolha de néctar e à recolha mista dos dois produtos (Fig. 18 a). As proporções mais elevadas de recolha de néctar foram observadas às 10 e 11 horas da manhã. Quanto à colheita mista, as proporções mais elevadas foram registadas às 13 horas. O pólen foi recolhido principalmente ao meio-dia e às 14 horas. É durante a tarde, das 13 às 15 horas, que se regista o maior número de visitas de todos os tipos. Inversamente, as visitas florais da abelha melífera têm sempre como objetivo principal a recolha de pólen (Fig. 18 b), em todos os períodos do dia. Tal como no caso da Eucera, o maior número de avistamentos da abelha melífera ocorreu entre as 13 e as 15 horas. Além disso, verificámos que esta abelha não é muito fiel ao feijão e que visita muitas outras plantas silvestres. Isto explica as baixas densidades de forrageadoras registadas nas favas durante as épocas de floração de 2016 e 2017.

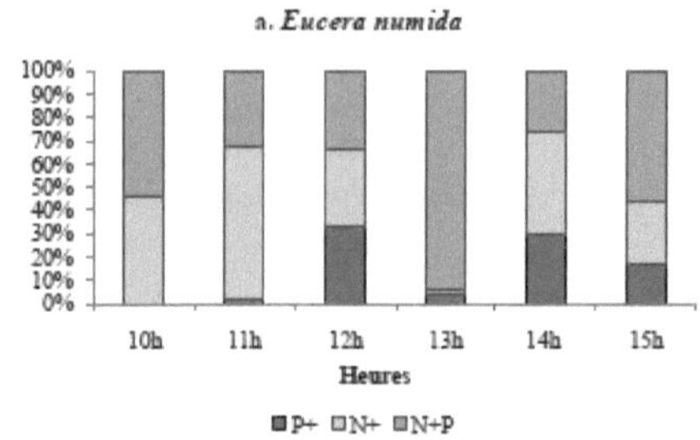

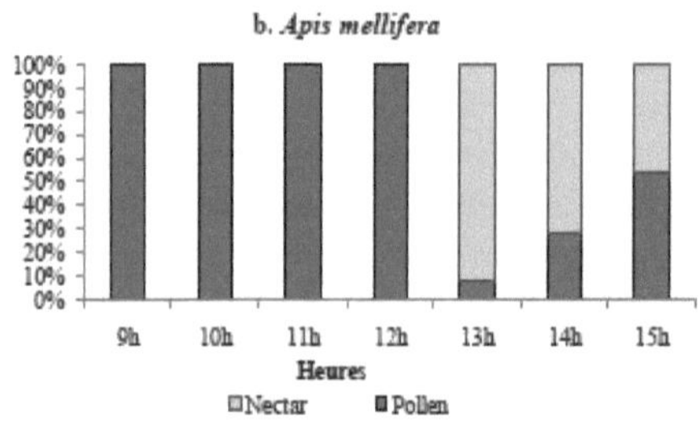

Figura 18: Percentagens de produtos florais colhidos por E. numida (a) e A. mellifera (b) de V. faba em diferentes alturas do dia.

1.7. Avaliação do efeito da polinização entomófila no rendimento do feijão

O estudo do efeito da polinização por insectos na produção vegetal durante a época de floração de 2016 mostra que a presença de insectos polinizadores melhora consideravelmente o rendimento da cultura da fava.

1.7.1 Efeito da polinização entomófila na produção de vagens

O comprimento e o número médio de vagens verdes das quadrículas livres foram significativamente superiores aos das quadrículas cobertas (Tab. 10).

Quadro 10: Comprimento médio e número de vagens verdes durante a fase de frutificação V. faba durante a floração em 2016 (U = teste de Mann whitney).

	Quadros livres	Quadratos em gaiola	P	U
Comprimento das vagens (cm) n=número de vagens	(n=130) 16,41± 3.4	(n=130) 13.03 ± 2.86	0	3817.5
Número de vagens/planta n=número de plantas	(n=30) 10.46 ± 4.3	(n=30) 5.23 ±3.4	0	151

1.7.2. Efeito da polinização entomófila na produção de sementes

O peso médio das sementes nos quadrats livres foi três vezes superior ao dos quadrats com gaiola. Os pesos médios de colheita por planta foram também mais elevados nas plantas acessíveis aos polinizadores do que nas plantas enjauladas. O peso médio das sementes, calculado a partir de 30 amostras de 5 sementes retiradas aleatoriamente da colheita, foi também significativamente mais elevado nos quadrats livres do que nos quadrats com gaiola (Tab. 11).

Tabela 11: Rendimento médio de grãos de V. faba em quadrats livres (QL) e com gaiola (QE) durante a floração em 2016.(U = teste de Mann whitney; t = teste t de Student).

	Quadros livres	Quadratos em gaiola		
Peso médio da colheita/quadrat (g) (n: número de quadrats)	(n=9) 544.44 ± 113.52	(n=9) 197.22 ± 63.03	t=8.05	P=0
Peso médio das sementes (g) (n: amostra de 5 sementes)	(n=30) 10.04 ± 1.73	(n=30) 5.68±1.36	t=10.84	P=0
Peso médio das sementes/planta (g)(n: número de plantas)	(n=30) 50.68 ± 25.38	(n=30) 16.19 ± 11.04	U=66	P=0

O número médio de vagens e de sementes por planta foi também mais elevado nas plantas livres do que nas plantas em gaiola (Tab. 12). Quanto ao número de sementes abortadas, foi muito mais elevado nas plantas forrageadas do que nas plantas em gaiola, na ausência de abelhas.

Tabela 12: Índices médios de fertilidade de Vicia faba durante a floração em 2016.

	Quadros livres	Quadratos em gaiola
Número médio de vagens / planta	10.5	5.23
Número médio de sementes/planta	28	12.43
Número total de sementes abortadas	921	664

1.8. Discussão

Um estudo da densidade e da atividade dos Apoides durante a floração da fava mostrou que o seu número depende da densidade floral da planta. O seu número aumenta gradualmente ao longo do tempo e acompanha a evolução do número de flores de V. faba. O nosso estudo revela, portanto, uma influência importante do número de flores na densidade das abelhas forrageiras. Estes resultados corroboram os de Aouar (2009), que observou que as flutuações da densidade de abelhas forrageiras e a fenologia da fava ocorrem de forma sincronizada. Observações realizadas durante as épocas de floração de 2016 e 2017 revelam que a entomofauna polinizadora da planta na região de Tizi-Ouzou é composta principalmente por apoïdes Hymenoptera da família Apidae.Eucera numida foi a espécie mais abundante sobre as flores durante ambas as florações. Em média, foi responsável por 64% das visitas observadas. Esta situação é semelhante à observada em Constantine (Benachour et al., 2007) e no sul de Espanha (Pierre et al. 1999), onde a mesma Eucera constituiu 70% e 89,4%, respetivamente, dos insectos polinizadores observados nas flores de fava cultivada. A abelha melífera vem em segundo lugar em termos de abundância. Estes resultados são coerentes com os observados em Tizi-Ouzou (Aouar, 2009) e Constantine (Aouar, 2009) (Benachour et al., 2007). Tasei (1976) referiu que a abelha melífera representa cerca de 80% da fauna apóide que forrageia na fava. Na Finlândia, a abelha melífera é a espécie mais abundante na fava, com uma taxa de visita de 41% (Kyllönen, 2018). As espécies Xylocopa violacea, Bombus terrestris e Bombus ruderatus estão muito pouco representadas. Estes últimos são considerados bons polinizadores da planta (Stoddard & Bond 1987; Pierre et al. 1997, 1999). Esta fraca abundância pode ser explicada pelo facto de outras plantas cujo período de floração coincide com o do feijão serem igualmente frequentadas e preferidas.

Por outro lado, com exceção de uma única espécie de Andrenidae, todas as abelhas inventariadas pertencem à família Apidae, caracterizada por uma longa glosela que lhes confere uma maior capacidade de recolha do néctar (Pesson e Louveaux, 1984). A recolha do néctar é tanto mais difícil quando a base da flor é profunda, como no caso das flores de fava. No Egipto, as abelhas que visitam a fava são tanto de língua longa como de língua curta (Shebl e Farag, 2015).

Um estudo do comportamento de forrageamento de E. numida e de A. mellifera mostra que a eucera forrageia sempre positivamente nas flores, qualquer que seja o produto colhido, e que todas as suas visitas podem, portanto, ser fertilizantes. Nas abelhas melíferas, a proporção de forrageamento positivo é, em média, de 28%, o que corresponde à recolha de pólen. Segundo Somerville (2002), as favas são polinizadas principalmente por abelhas colectoras de pólen. Quanto à recolha de néctar, esta corresponde sempre a um forrageamento não fecundante, pois a abelha aproveita os nectários extra-florais e os orifícios perfurados na base das corolas por B. terrestris. Este comportamento de forrageamento também foi observado por vários autores (Stoddard & Bond 1987; Free 1993; Koltowski 1996; Pierre et al. 1997; Pierre et al. 1999, Benachour et al. 2007; Aouar, 2008; Marzinzig 2018 e Kyllönen, 2018).Relativamente à velocidade de forrageamento, verifica-se que os machos de E. numida apresentam a maior velocidade de forrageamento comparativamente às fêmeas de E. numida e à abelha melífera. Os nossos resultados corroboram os de Aouar et al (2008) que observaram que o número de flores visitadas por Eucera é bastante elevado. Benachour et al (2007) estimaram a velocidade de E. numida num valor médio de 10,4 flores por minuto. Este valor é muito próximo do registado para a mesma espécie, que forrageia a uma velocidade de 9 flores por minuto. Segundo Tasei (1990), a velocidade da abelha melífera é de 6 a 8 flores/minuto na procura de néctar e de 11 a 16 flores/minuto na procura de pólen. Estes resultados são semelhantes aos nossos, que estimaram a velocidade média de procura de alimento da abelha melífera em 6 flores/minuto. A atividade diária das abelhas nas flores durante o período de floração do feijão depende da produção de pólen e de néctar, cujas quantidades variam ao longo do dia (Pierre et al. 1996; Pouvreau 2004). Os nossos resultados mostram que a atividade das abelhas varia de uma hora para a outra e que parecem concentrar as suas visitas florais entre as 12 e as 15 horas, período que corresponde à abertura óptima de um grande número de flores de feijão susceptíveis de serem forrageadas. Estes resultados são coerentes com os de Benachour et al (2007), Aouar et al (2008) e Shebl e Farag (2015). Os nossos estudos em 2016 e 2017 mostram que a maior parte das visitas florais de Eucera são dedicadas à recolha de néctar, sendo as maiores proporções observadas às 10 e 11 horas. O pólen é recolhido principalmente ao meio-dia e às 14 horas. As nossas observações são semelhantes às de Benachour et al (2007), que observaram que a proporção de visitas dedicadas à recolha de néctar é maior das 10 às 11 horas e das 15 às 16 horas. Segundo Somerville (2002), o néctar é segregado principalmente no início da manhã e no final da tarde. Em contrapartida, as abelhas melíferas visitam as flores principalmente para recolher pólen a qualquer hora do dia, mas esta espécie não é muito fiel ao feijão e visita muitas outras plantas silvestres. Isto explica as baixas densidades de forrageadoras registadas nas favas durante as épocas de floração de 2016 e 2017. A presença de insectos polinizadores contribui para melhorar a produção de V. faba. O rendimento de grãos e o número de vagens obtidos por polinização cruzada são superiores aos obtidos por autogamia. De facto, as nossas observações mostram que o peso das sementes provenientes de quadrículas livres é três vezes superior ao das sementes provenientes de quadrículas em gaiola. Os nossos resultados corroboram os obtidos por vários autores, nomeadamente Mesquida et al. (1990), Varis & Brax (1990), Koltowski (1996), Musallam et al. (2004), Benachour et al. (2007), Aouar et al. (2008), Gasim e Abdelmula (2018) e Marzinzig et al. (2018).

No que diz respeito ao tamanho das vagens, verificámos que as vagens eram mais compridas nos quadrantes livres do que nos quadrantes cobertos. Estes resultados estão de acordo com os de Aouar et al (2008), que constataram que as vagens das parcelas abertas mediam em média 24,8 cm contra 21,1 cm das parcelas em gaiola. Segundo Barbier, citado por Aouar (2009), as vagens de polinização cruzada ou entomófila são mais compridas e contêm mais sementes do que as vagens de autopolinização.

De acordo com Tamas et al (1979) e Stephenson (1980), citados por Benachour (2008), o elevado número de sementes abortadas em parcelas abertas pode ser explicado pelo facto de as plantas em parcelas abertas, cujas flores são totalmente polinizadas, não poderem assegurar que todas as sementes amadureçam. As vagens das primeiras flores polinizadas atingem a maturidade, enquanto as das últimas flores polinizadas abortam na fase de vagem jovem.

2. Grão-de-bico (Cicer arietinum L.)

2.1. Floração da planta

A floração desta leguminosa começou em 23 de abril de 2017 e durou 25 dias. Durante a floração do C. arietinum, as flores desenvolvem-se primeiro na base dos caules, continuando a desenvolver-se gradualmente em direção ao topo durante a semana seguinte.

As abelhas podem ser observadas desde o aparecimento das primeiras flores de grão-de-bico. O seu número aumenta progressivamente ao longo do tempo e acompanha a evolução do número de flores desta leguminosa. As taxas mais elevadas de visitas são registadas durante o período de plena floração desta planta, entre 03 de maio e 10 de maio (2017) (Fig.19). No final da floração, a densidade de abelhas diminui progressivamente à medida que a floração diminui.

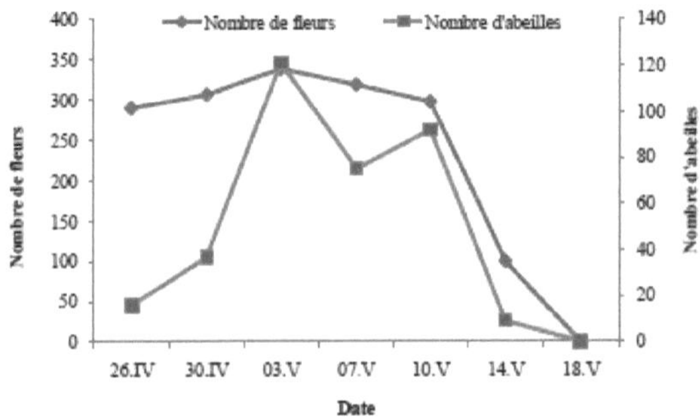

Figura 19: Ciclo de floração de Cicer arietinum e densidade de abelhas durante a floração.de 2017.

2.2. Diversidade e densidade de polinizadores

O estudo efectuado em C. arietinum L. mostra que esta leguminosa atrai uma entomofauna polinizadora composta quase exclusivamente por himenópteros apóides pertencentes a três famílias: Apidae, Megachilidae e Andrenidae. Foram registadas oito espécies, mas apenas duas são dominantes: Eucera decolorata Gribodo, 1924 e Eucera eucnemidea Dours, 1873 (Tab. 13), que representam em conjunto mais de metade da população total. do número total (72%). Estas duas espécies apresentam uma densidade média de 9,24 e 9 indivíduos por 100 flores, respetivamente (Tab. 14). Em terceiro e quarto lugar, encontram-se as abelhas Apis mellifera e Lithurgus chrysurus, respetivamente (3,1 e 2,8 indivíduos). A Anthophora quadricolor e outras espécies, por outro lado, ocorrem apenas ocasionalmente.

Quadro 13: Número de espécimes (Nind) e frequências relativas (%Nind) de apoides registados durante os transectos

Família	Espécies	N	N%
	E. decolorata Gribodo, 1924	126	37.61
Apídeos	E. eucnemidea Dours, 1873 A. mellifera L. 1758	114 41	34.03 12.24
	Anthophora quadricolor Erichson, 1840	7	2.09
	Lithurgus chrysurus Fonscolombe, 1834	43	12.84
Megachilidae	Megachile sp.	2	0.60
	Anthidium sp.	1	0.30
Andrenidae	Andrena sp.	1	0.30
Total	8 espécies	335	100

Tabela 14: Número médio de polinizadores por 100 flores de Cicer arietinum durante a época de floração de 2017.

Família	Espécies	Densidade
	E. decolorata	9.24
Apídeos	E. eucnemidea A. mellifera	9 3.1
	Anthophora quadricolor	<1
	Lithurgus chrysurus	2.8
Megachilidae	Megachile sp.	<1
	Anthidium sp.	<1
Andrenidae	Andrena sp.	<1

2.3. Atividade forrageira dos apóides

A atividade diária e o comportamento de forrageamento de E. decolorata, E. eucnemidea, A. mellifera e L. chrysurus foram observados durante a floração do grão-de-bico. As quatro espécies começaram a forragear nas flores às 9 horas da manhã, intensificando a sua atividade às 10 e 11 horas, antes de parar às 12 horas. A atividade das abelhas recomeçou às 13 horas e flutuou durante as horas seguintes (Fig. 20).

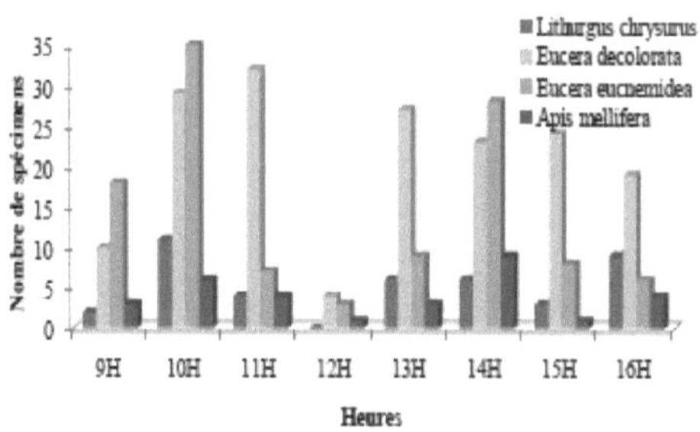

Figura 20: Atividade diária das abelhas nas flores de C. arietinum durante a época de floração de 2017.

2.4. Comportamento de forrageamento e eficiência polinizadora

O estudo do comportamento das abelhas observado na planta não revelou a recolha de pólen por estes insectos. Quanto ao estudo da eficiência de polinização, observámos a velocidade de forrageamento de E. decolorata e E. eucnemidea. Para tal, medimos o número de flores visitadas num minuto por cerca de trinta indivíduos de cada uma destas espécies de abelhas. Os resultados, submetidos ao Teste de Mann Whitney ($p<0,05$), mostram que durante o período de floração de 2017, E. decolorata é significativamente mais rápida ($13,9 \pm 1,81$ flores/minuto) do que E. eucnemidea ($8,4 \pm 1$ flores/minuto) (Tab.15).

Tabela 15: Velocidade de forrageamento de E. decolorata e E. eucnemidea em flores de Cicer arietinum durante a floração em 2017(Teste Mann Whitney (U); $p<0,05$; ±: erro padrão;).

Espécies	Número de espécimes observado	Velocidade (flores/min)	U	P
Eucera decolorata	30	13.9 ± 1.81	5	0
Eucera eucnemidea	30	8.4 ± 1		

2.5. Discussão

O estudo realizado em C. arietinum durante a época de floração de 2017 mostrou que a planta é visitada por uma entomofauna polinizadora composta quase exclusivamente por Hymenoptera apoides pertencentes a três famílias: Apidae, Megachilidae e Andrenidae. As visitas florais de E. decolorata, E. eucnemidea, A. mellifera e L. chrysurus são abundantes em comparação com as de outras abelhas. Megachile sp., Anthidium sp. e Andrena sp. visitaram apenas ocasionalmente. Os nossos resultados corroboram os de Louadi (1999) em Constantine, onde observou as duas primeiras famílias de apídeos no grão-de-bico. Estas duas famílias (Apidae, Megachilidae) caracterizam-se por uma língua longa, o que lhes permite frequentar estas flores, caracterizadas por uma corola papilionácea. As euceráceas da família Apidae são as abelhas mais abundantes nas flores de grão-de-bico. Constituem mais de 71% de todas as visitas observadas nesta planta. Esta situação é semelhante à observada em Constantine por Louadi (1999), onde E. eucnemidea é a espécie mais abundante nesta leguminosa. No entanto, na Índia, Abdul Latif et al. (2019) observaram duas espécies da família Apidae, Apis dorsata e Apis florea, que marcaram a maior abundância nas flores de grão-de-bico.Um estudo da atividade diária das abelhas estudadas nas flores de C. arietinum revelou uma atividade intensa durante a fase da manhã, às 10 e 11 horas. Estes resultados coincidem com os de Louadi (1999) que observou uma atividade máxima de E. eucnemidea às 10 horas. A observação do comportamento de forrageamento das quatro espécies mais abundantes não revelou qualquer recolha de pólen por estas abelhas. Segundo Louadi (1999), a dificuldade de acesso às anteras do grão-de-bico deve-se à morfologia da flor, que apresenta um estandarte fechado e duas carenas fechadas. Por conseguinte, apenas o néctar é recolhido pelas abelhas. Estes resultados confirmam os estudos efectuados em Punjab (Índia) por Batra (1979) (citado por Louadi, 1999). Estes estudos revelaram que as abelhas visitam o grão-de-bico mas não o polinizam. Quanto ao estudo da eficiência de polinização, os nossos resultados mostraram que a E. decolorata é mais eficiente do que a E. eucnemidea. Na Índia, por outro lado, A. florea foi o polinizador mais rápido (Abdul Latif et al., 2019).Em conclusão, embora o grão-de-bico seja conhecido por ser autopolinizante, vários estudos mostram que a polinização cruzada pode ocorrer. Hawtin (1978) estimou que a polinização por insectos é de apenas 2%. Através das nossas observações, foram registadas oito espécies de abelhas nas flores desta planta, das quais E. decolorata e E. eucnemidea registaram as maiores abundâncias e velocidades de forrageamento. A presença destes insectos em flores de polinização aberta resultou numa polinização cruzada que, em última análise, conduzirá a um maior rendimento das culturas.

3. Cebola (Allium cepa L.)

3.1. Floração da planta

As florescências começaram em 12 de maio de 2016 e 25 de maio de 2017 e distribuíram-se por 42 e 24 dias, respetivamente (Fig. 21 a e b). Uma planta de cebola apresenta entre 1 e 4 inflorescências. A floração da planta foi significativamente reduzida em 2017, em comparação com a floração de 2016, devido a um inverno mais seco e a um verão muito quente, caracterizado por temperaturas escaldantes em 2017.
A colonização da parcela pelas abelhas regista-se a partir do aparecimento das primeiras flores de A. cepa. O seu número aumenta gradualmente ao longo do tempo, à medida que o número de flores de A. cepa aumenta. As taxas mais elevadas de visitas foram registadas durante o período de plena floração da cebola, em 26 de maio de 2016 e 1 de junho de 2017. No final do período de floração, o número de abelhas diminui gradualmente à medida que a floração diminui.

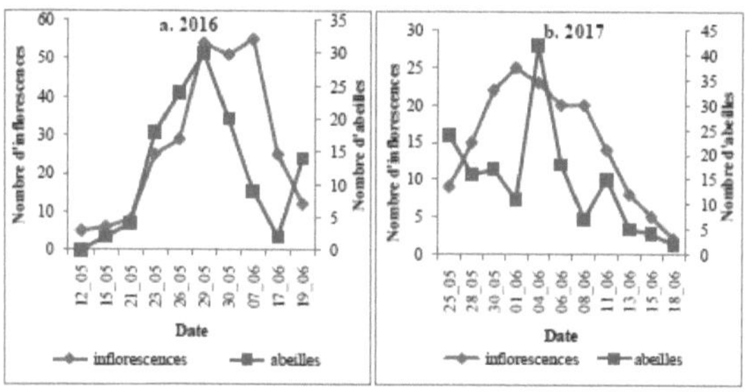

Figura 21: Ciclo de floração de Allium cepa e número de abelhas registadas durante a floração em 2016 (a) e 2017 (b).

3.2. Diversidade e densidade de polinizadores

Observações feitas durante os dois períodos de floraison mostram que os insetos que forrageiam nas fleurs de A. cepa são todos apoïdes Hymenoptera pertencentes a duas famílias: Apidae e Halictidae. São registadas sete espécies, mas apenas quatro são observadas durante as duas floraisons, nomeadamente Apis mellifera, Lasioglossum malachurum, Lasioglossum pauxillum e Halictus gemmeus. Além disso, as três primeiras espécies são relativamente abundantes. A. mellifera é também a única que está presente nas flores durante todo o período de floração. A presença de Bombus terrestris e das outras espécies é apenas episódica. Os números de visitas observados para estas três espécies durante as duas floraisons sucessivas estudadas são apresentados no quadro 16.

Tabela 16: Número de espécimes (N) e frequência relativa de Apoidea identificados em Allium cepa durante as florações de 2016 e 2017.

Família	Espécies	2016		2017	
		N	N%	N	N%
Halictidae	Halictus gemmeus	2	0.97	2	1.28
	Lasioglossum malachurum	59	28.64	37	23.72
	Lasioglossum pauxillum	47	22.82	46	29.49
	Lasioglossum sp.	1	0.49		
	Sphecodes sp.	1	0.49		
Apídeos	Apis mellifera	95	46.12	71	45.51
	Bombus terrestris	1	0.49		
Total	7 espécies	206	100	156	100

[ère]A estimativa da densidade das espécies de abelhas encontradas nas flores de cebola mostra que, entre as Halictidae, L. malachurum e L. pauxillum são as mais abundantes nas flores durante os dois anos de observação, com um número médio de 50 e 43 indivíduos por 100 flores para a primeira espécie e 42 e 62 indivíduos para a segunda (Tab. 17). As visitas de H. gemmeus foram menos numerosas. Entre os Apidae, é a A. mellifera que é frequente nas flores, com uma densidade de 37 a 44 indivíduos consoante o período de observação.

Quadro 17: Número médio de polinizadores por 100 flores de Allium cepa durante as épocas de floração de 2016 e 2017

família	espécies	2016	2017
Halictidae	Halictus gemmeus Dours 1872 Lasioglossum malachurum Kirby 1802 Lasioglossum pauxillum Schenck 1853 Lasioglossum sp. Sphecodes sp.	4 50 42 <1 <1	4 43 62
Apídeos	Apis mellifera L. 1758 Bombus terrestris L. 1758	37 <1	44

3.3. Atividade forrageira dos apóides

Durante a floração de 2016 de A. cepa, os apídeos começaram a aparecer a partir das 8 horas da manhã. Durante as horas seguintes, registou-se um aumento gradual do número de abelhas forrageiras e da colonização da área de floração. A evolução do número de abelhas (todas as espécies) durante as diferentes horas do dia (8-14h) está representada na figura 22 a. Os nossos resultados mostram que a atividade das abelhas muda de hora a hora. As abelhas parecem concentrar as suas visitas florais entre as 10 e as 11 horas, período que corresponde à abertura óptima de um grande número de flores de cebola susceptíveis de serem forrageadas. Durante o período de floração de 2017, as observações foram feitas apenas de manhã, devido às altas temperaturas registadas. As abelhas começaram a voar às 7 horas e registaram um número máximo de forrageadoras às 8 horas (Fig 22b).

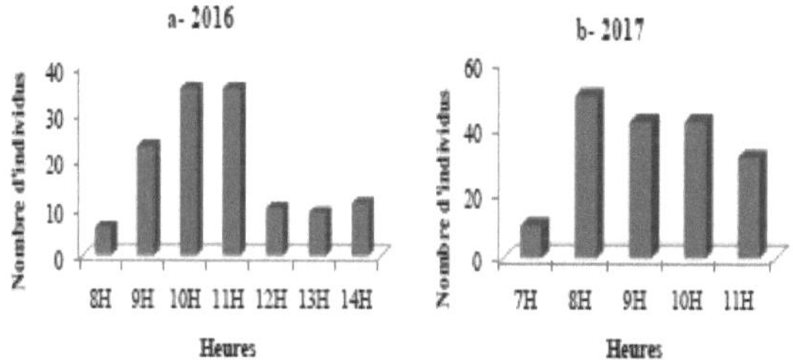

Figura 22: Número total de apoides registados em diferentes momentos do dia durante as épocas de floração de 2016 (a) e 2017 (b).

3.4. Comportamento de forrageamento e eficiência polinizadora

A morfologia floral das plantas influencia o comportamento de forrageamento dos Apoides: a posição relativa dos estigmas e das anteras é um fator importante na polinização. Embora o estigma e as anteras da cebola estejam quase ao mesmo nível, estas últimas libertam o pólen antes de o estigma estar recetivo. Neste estudo, apenas é observado o comportamento de forrageamento das três espécies mais comuns nas flores, nomeadamente Apis mellifera, L. malachurum e L. pauxillum. Verificámos que todas estas abelhas fazem visitas de polinização. De facto, elas inserem a sua cabeça no coração da flor, fazendo assim uma visita frontal (com contacto dos estigmas). Durante a floraison de 2017, 85% das visitas a L. malachurum foram para colheita mista e cerca de 15% para colheita de pólen. Quanto a L. pauxillum, 19% dessas visitas são dedicadas à colheita de pólen, 8% ao néctar e 73% à colheita mista (Tab.18). Estas duas espécies efectuam sempre um forrageamento positivo nas flores. Penetram no interior da flor para recolher o pólen ou o néctar, ou ambos, o que desencadeia a coluna estaminal que provoca a libertação do pólen. Quanto à abelha melífera, todas as suas visitas são registadas para a recolha de néctar. Para recolher o néctar, a abelha pousa sobre a flor, activando a coluna estaminal. As visitas das três espécies podem, portanto, ser fecundas.

Tabela 18. Distribuição das visitas (em %) de A. mellifera, L. malachurum e L. pauxillum sobre Allium cepa de acordo com o produto floral colhido e eficiência de polinização dessas visitas durante a floraison em 2017. (P: pólen; N: néctar; +: visita polinizadora; -: visita não polinizadora)

	A. mellifera	L. malachurum	L. pauxillum
Número de visitas observadas	79	33	64
P+	0	15%	19%
N+	100%	0	8%
N-	0	0	0
(P+N)+	0	85%	73%
Total de visitas de polinização	100%	100%	100%

Se considerarmos o número de flores visitadas por minuto, as visitas mais frequentes foram registadas pela abelha melífera, que forrageou flores com uma taxa média de 13 e 12 flores por minuto (fls/min) em 2016 e 2017. L. malachurum e L. pauxillum ficaram em segundo e terceiro lugar (Tab.19).

Tabela 19: Velocidade de forrageamento de A. mellifera, L. malachurum e L. pauxillum em Allium cepa durante os dois períodos de floraison (N = número de espécimes observados; ±: desvio padrão).

Floração	Espécies	N	Número médio de flores visitadas por minuto
2016	Apis mellifera	30	13± 3.21
	Lasioglossum malachurum	23	10± 1.6
	Lasioglossum pauxillum	24	9± 1.7
2017	Apis mellifera	30	12± 3.68
	Lasioglossum malachurum	17	11± 1.4
	Lasioglossum pauxillum	21	9± 0.9

3.5. À procura de abelhas comestíveis

As observações realizadas durante 2017 sobre as visitas florais foram realizadas apenas durante as horas da manhã devido às altas temperaturas registadas durante o período de floração da cebola.Para as espécies do género Lasioglossum, a maioria das visitas florais durante a floração de 2017, envolveu a recolha mista de néctar e pólen (Fig.23, a-b). As maiores proporções de coleta são observadas das 7h às 9h da manhã. Quanto ao pólen, L. pauxillum começa a coletá-lo a partir das 8 horas, com um aumento acentuado às 10 e 11 horas. O L. malachurum começa a recolher pólen às 10 horas, com um pico de recolha também às 11 horas. A recolha de néctar, por outro lado, só é observada em L. pauxillum, que só o recolhe às 8 horas. Por outro lado, as visitas florais da abelha melífera exclusivamente para coleta de néctar (Fig.23 c) durante todas as horas do dia.observação.

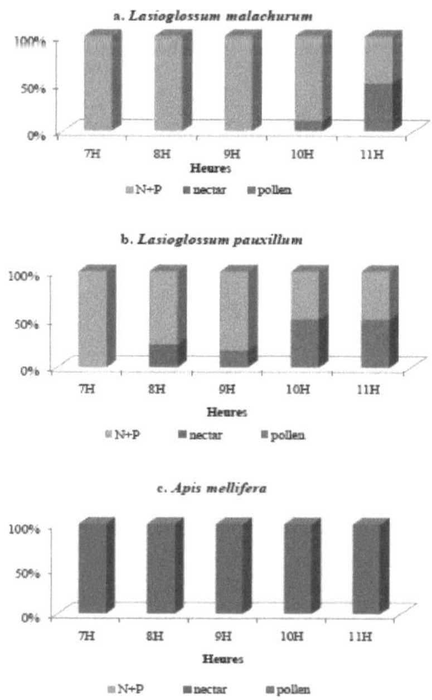

Figura 23: Percentagens de produtos florais colhidos por L. malachurum (a), L. pauxillum (b) e A. mellifera (c) sobre Allium cepa em diff érent momentos da manhã (floraison 2017).

3.6. Efeito da polinização entomófila no rendimento de grãos

Os nossos resultados mostraram que a presença de abelhas forrageiras melhorou consideravelmente o rendimento da cultura da cebola, registando uma vantagem económica de cerca de 98% para o peso médio das sementes por quadrado e por planta. O peso médio da colheita por quadrado e por planta foi significativamente mais elevado nas plantas acessíveis aos polinizadores do que nas plantas enjauladas (Tab. 20). O número médio de sementes e o número de cápsulas de sementes por planta também foram significativamente maiores nas parcelas livres. Além disso, as sementes das parcelas livres pareciam maiores em tamanho e mais suaves e uniformes em aparência (Fig. 24).

Tabela 20: Rendimento médio de grãos de Allium cepa em campo livre (QL) e em gaiola (EQ) durante a floraison de 2016. (U = Teste Mann Whitney: $p < 0,05$).

	QL	EQ	U
Peso médio do grão/quadrado (gr)	4.14 ± 3.5	0.09 ± 0.05	0
Peso médio das sementes/planta (gr).	1.3 ± 1.4	0.03 ± 0.04	0
Número médio de cápsulas de sementes/planta	186 ± 203	4 ± 6	0
Número médio de sementes/planta	557 ± 611	12 ± 18	0

-a--b-

Figura 24: Sementes de cebola de plantas livres (a) e de plantas com gaiola (b).

3.7. Discussão

Observações feitas na cebola Allium cepa durante as floraisons de 2016 e 2017 mostraram que as fleurs desta Liliaceae atraem muitos visitantes, a maioria dos quais são Hymenoptera apóides das famílias Halictidae e Apidae. A abelha A. mellifera, L. malachurum e L. pauxillum são as espécies mais abundantes nos fleurs durante os períodos de estudo. Estes resultados corroboram os de vários autores que estudaram a polinização de culturas de cebola. Nos EUA, Nye et al (1973) observaram três famílias de apídeos (Apidae, Halictidae e Andrenidae). No Paquistão, Asif et al (2008) contaram apenas uma família, a Apidae, e nos Camarões, Georges et al (2014) contaram 3 famílias, nomeadamente a Apidae, Megachilidae e Halictidae.No presente estudo, a abelha melífera é a espécie mais abundante, englobando em média 46% das visitas observadas. Esta situação é semelhante à observada por Georges et al. em 2014 no extremo norte dos Camarões, onde a mesma espécie constitui 45% dos insectos polinizadores das flores de cebola. L. pauxillum e L. malachurum vêm em segundo e terceiro lugar, respetivamente, em termos de abundância. Os outros apídeos, nomeadamente B. terrestris, H. gemmeus e Sphecodes sp, estão muito pouco representados. Esta baixa densidade pode dever-se à atração exercida por outras plantas com flor na proximidade da cultura da cebola. De facto, num estudo recente (Korichi, 2015) que realizámos sobre as escolhas florais das abelhas no mesmo local, verificámos que estas espécies eram mais atraídas por plantas espontâneas, nomeadamente Echium australe (Boraginaceae), Centaurium umbellatum (Gentianaceae), Hysoseris radiata e Echinops spinosus (Asteraceae). De acordo com Franklin (1970), a falta de atratividade da cebola para as abelhas pode levá-las a negligenciar a cultura, sobretudo se outra cultura muito atraente estiver em flor.

Além disso, a observação do comportamento forrageiro dos Apoidea mostra que todas as espécies encontradas exercem um forrageamento positivo, qualquer que seja o produto colhido, pelo que todas as suas visitas podem ser férteis e benéficas. A este respeito, Jones (1937) observou que a polinização da cebola é realizada principalmente por insectos que visitam os nectários na base dos três estames internos. Para extrair o néctar, os apoides devem tocar nos estames, o que desencadeia a libertação de pólen pelas anteras. A atividade diária das abelhas em fleurs depende da produção de pólen (Stone et al. 1998) ou de néctar (Pierre et al., 1996; Suzo et al., 2001; Pouvreau, 2004) durante o dia. As nossas observações em 2017 mostram que todos os espécimes de A. mellifera recolhem exclusivamente néctar durante todo o período de floração. Estes resultados são semelhantes aos de Benedek e Gaal (1972), que constataram que, nas inflorescências de cebola, as abelhas recolhem quase exclusivamente néctar; o número de colectores de pólen observados de cada vez durante as observações representa menos de 1% do número total de abelhas. Georges et al (2014) verificaram que 77% das visitas das abelhas são dedicadas à recolha de néctar. Por outro lado, segundo Jean-Marie (1991), algumas abelhas forrageiam apenas néctar e outras tanto néctar como pólen. Além disso, Collison (1973) refere que muitas abelhas que recolhem pólen passam mais tarde para a recolha de néctar. Pelo contrário, segundo o nosso estudo, as abelhas L. malachurum e L. pauxillum procuram pólen e néctar e recolhem sobretudo os dois produtos ao mesmo tempo durante todas as horas de observação. O Malachurum passa as três primeiras horas a recolher os dois produtos, e recolhe o pólen das 10 às 11 horas. O L. pauxillum, pelo contrário, começa a recolher pólen às 8 horas e só recolhe néctar a essa hora do dia.

No que diz respeito ao rendimento do Allium cepa, verificámos que a presença de insectos polinizadores contribui fortemente para melhorar a produção. O rendimento em grãos obtido por polinização cruzada é superior ao obtido por autogamia. Resultados concordantes, comparando quadrats livres e quadrats em gaiola, foram obtidos por Benedek e Gaal (1972), Zdzislaw et al. (2004), Asif et al. (2008), Mortaza et al. (2013) George et al. (2014) e Aniruddha et al. (2014). De facto, os nossos resultados revelaram que o peso das sementes obtido após a polinização por abelhas foi 90 vezes superior ao obtido sem abelhas. Resultados semelhantes foram também observados por Zdzislaw et al (2004) que verificaram que o número de sementes produzidas por autopolinização era 10 vezes inferior ao produzido por polinização cruzada. De acordo com Vaissière (2005), a polinização por abelhas contribui para 66% da produção de sementes numa variedade cujas plantas auto-férteis produzem pólen.

Em conclusão, na região de Tizi-Ouzou, tal como nos Camarões, na Índia e no Paquistão, A. mellifera continua a ser o principal polinizador de A. cepa, polinizando 100% das visitas, um número de visitas que representa mais de 45% do número total de visitas observadas. L. malachurum e L. pauxillum são também polinizadores muito eficazes desta planta.

Sugere-se, portanto, que os locais de nidificação nas zonas próximas das culturas sejam conservados e protegidos e que se evite a utilização injustificada de pesticidas durante o período de floração. Estes apóides podem, sem dúvida, desempenhar um papel importante na polinização das culturas onde a sua densidade é bastante elevada.

1. Alface (Lactuca sativa L.)

1.1. Floração da planta

A floração começou a 14 de junho de 2016 e a 08 de junho de 2017 e durou 26 e 24 dias, respetivamente. A alface caracteriza-se por uma inflorescência capitular, em que uma planta apresenta entre 10 e 25 inflorescências. A colonização da parcela pelas abelhas regista-se logo que aparecem as primeiras flores de alface. O número de abelhas aumenta progressivamente com o tempo, à medida que aumenta o número de flores. As taxas mais elevadas de visitas foram registadas durante o período de plena floração desta planta, entre 26 de junho de 2016 e 28 de junho de 2017 (Fig.25). No final da floração, a densidade de abelhas diminui gradualmente à medida que a floração diminui.

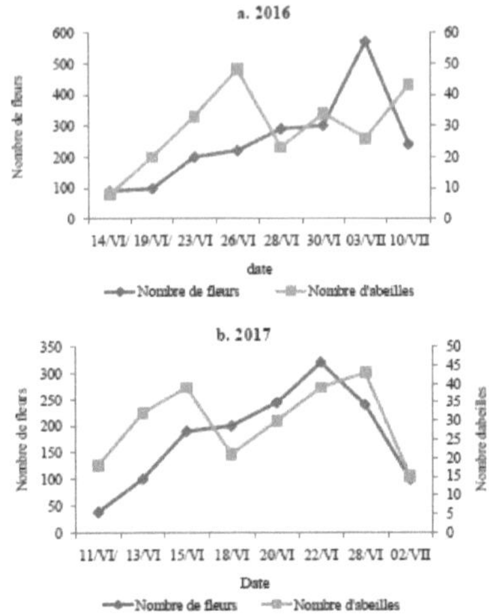

Figura 25: Ciclo de floração de Lactuca sativa L. e densidade de abelhas durante as florações de 2016 (a) e 2017 (b).

4.2. Diversidade e densidade de polinizadores

O estudo efectuado em Lactuca sativa durante as duas florações revelou que esta planta atrai uma entomofauna polinizadora composta quase exclusivamente por himenópteros apóides pertencentes a duas famílias: Halictidae e Apidae. Seis espécies de abelhas foram registadas na planta e estão presentes nas duas florações (Tab. 21). A família Halictidae é a mais abundante nas flores de alface, e duas espécies do género Lasioglossum, L. malachurum e L. pauxillum, registaram o maior número de visitas, representando mais de metade do número total de abelhas (74% e 78%) e uma densidade de 5 a 8 indivíduos por 100 flores (Tab. 22). Quanto a Apis mellifera e Eucera eucnemidea (Apidae), registaram uma fraca presença na planta. Finalmente, a presença de L. smaragdellus e H. scabiosae é apenas episódica.

Tabela 21: Número de espécimes (Nind) e frequências relativas (%Nind) de apoides registados nos transectos durante os blooms de 2016 e 2017.

Família	Espécies	N		N%	
		2016	2017	2016	2017
Halictidae	L. malachurum	95	96	42	40
	L. pauxillum	72	92	32	38
	L. smaragdellus	3	3	1	1
	Halictus scabiosae	7	5	3	2
Apídeos	A. mellifera	18	16	8	7
	E. eucnemidea	33	29	14	12
Total	6 espécies	228	241	100	100

Tabela 22: Número médio de polinizadores por 100 flores de Lactuca sativa durante as épocas de floração de 2016 e 2017

Família	Espécies	2016	2017
	L. malachurum Kirby, 1802	6	8
Halictidae	L.pauxillum Schenck, 1853	5	7
	Lasioglossum smaragdellus	<1	<1
	Halictus scabiosae Rossi, 1790	<1	<1
Apídeos	A. mellifera L., 1758	1	2
	Eucera eucnemidea Dours, 1873	3	3

4.3. Atividade forrageira dos apóides

Durante as duas florações de L. sativa em 2016 e 2017, as Apoides iniciaram a sua atividade às 7h. As visitas destas abelhas às flores são mais frequentes durante o segundo e terceiro períodos de observação (8h e 9h), quando um número máximo de flores está a florir. A partir das 10 horas, as visitas das abelhas diminuem porque muitas flores começam a fechar (fig. 26).

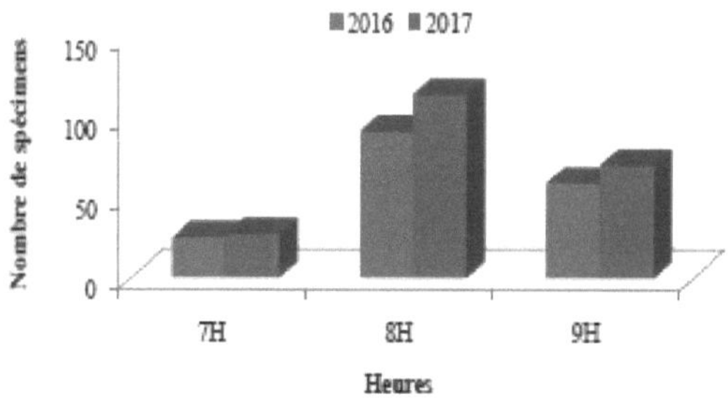

Figura 26: Número total de apoides registados durante os blooms de 2016 e 2017.

4.4. Comportamento de forrageamento e eficiência polinizadora

O comportamento de forrageamento das duas espécies mais frequentes nas flores, L. malachurum e L. pauxillum, é observado durante a floração em 2016 e 2017. A maior parte das visitas destas duas Halictidae é dedicada à recolha de pólen, enquanto o resto das visitas é dedicado à recolha de néctar ou à recolha mista dos dois produtos (Tab. 23). Estas abelhas fazem sempre visitas frontais para recolher néctar, pelo que todas estas visitas podem ser de fecundação.

Tabela 23. Distribuição das visitas (em %) das duas espécies mais abundantes em L. sativa em função do produto floral colhido e da eficiência de polinização dessas visitas durante a floração em 2016 e 2017. (P: pólen, N: néctar, +: visita polinizadora, -: visita não polinizadora)

	L. pauxillum		L. malachurum	
	2016	2017	2016	2017
Número de visitas	41	82	78	94
P+	83	60	67	49
N+	7	21	33	32
(P+N)+	10	19	0	19
Total de visitas de polinização	100%	100%	100%	100%

Para estudar a eficiência da polinização, avaliámos a velocidade de forrageamento de L.malachurum e L.pauxillum. Para isso, medimos o número de flores visitadas em um minuto por essas abelhas. Os resultados (Tab.24) mostram que durante o período de floração de 2016, L.malachurum (8,9 ± 2,09 flores/minuto) foi significativamente mais rápida que L.pauxillum (3,1 ± 0,92 flores/minuto) (teste Mann Whitney $p<0,05$).

Tabela 24: Velocidade de forrageamento de L.malachurum e L.pauxillum em flores de L.sativa durante a floração em 2016.(Teste Mann Whitney (U); $p<0,05$; ±: erro padrão).

Espécies	número de espécimes observados	Velocidade de forrageamento	U	P
L.malachurumL.pauxillum	30 30	8.9 ± 2.09 3.1 ± 0.92	0	0

4.5. À procura de abelhas comestíveis

As observações foram efectuadas durante o período de floração de 2017 para compreender o tipo de forrageamento em que as abelhas encontradas nas flores de L. sativa estavam interessadas. Para as duas abelhas mais frequentes nas flores de alface, a maioria das visitas florais foi para recolha de pólen (Fig.27 a e b). L. pauxillum registou as proporções mais elevadas de recolha de pólen entre as 8 e as 9 horas, enquanto que o néctar foi principalmente recolhido por esta espécie durante a primeira hora de observação. Quanto a L. malachurum, recolheu pólen em abundância às 7 e às 8 horas, e o néctar foi recolhido em todas as horas de observação, mas as proporções mais elevadas foram observadas às 9 horas. Além disso, foi observada uma colheita mista dos dois produtos em ambas as espécies. L. pauxillum recolhe os dois produtos florais durante toda a sua atividade (das 7h às 9h). L. malachurum recolhe os dois produtos florais a partir das 8 horas.

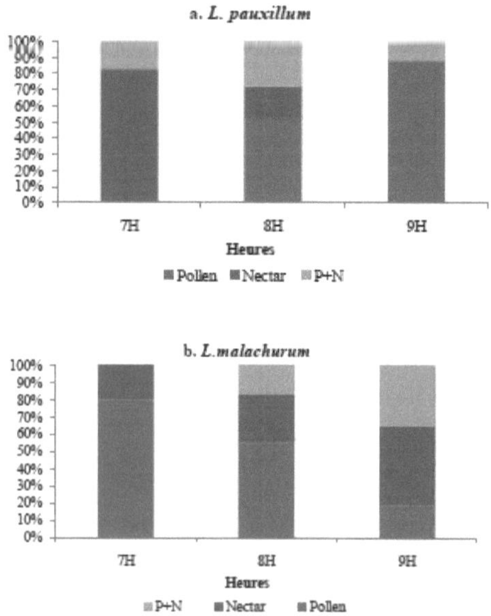

Figura 27: Percentagens de produtos florais colhidos por L. pauxillum (a) e L. malachurum (b).(b) em L. sativa em diferentes alturas do dia (floração de 2017)

4.6. Discussão

Estudos realizados em L. sativa durante os períodos de floração de 2016 e 2017 revelaram que os principais visitantes desta planta são Hymenoptera apoides pertencentes a duas famílias: Halictidae e Apidae. As espécies mais frequentes nas flores são as duas Halictidae, L. malachurum e L. pauxillum, que sozinhas representam mais de 70% das visitas observadas. Os Apidae são representados por A. mellifera e E. eucnemidea, que representam respetivamente 14% e 12% das visitas. Os nossos resultados coincidem com os de Goubara e Takasaki (2003) que constataram que, no Japão, Lasioglossum villosulum trichopse é a espécie mais frequente nas flores de L. sativa.

O nosso estudo mostra que a L. smaragdellus e a H. scabiosae estão muito pouco representadas. Verificámos também que as abelhas visitam mais frequentemente a alface durante o segundo e terceiro períodos de observação (8 e 9 horas), quando o maior número possível de flores está em flor. Esta atividade pode ser explicada pelo facto de todos os floretes de uma cabeça abrirem no mesmo dia, de manhã cedo, e fecharem pouco depois, para nunca mais abrirem. Nalguns casos, os floretes estão abertos apenas durante meia hora (Purseglove 1968, Jones e Rosa 1928, Thompson 1933 citado por Mc Gregor, 1976), mas permanecem abertos durante mais tempo com tempo frio e nublado. Os nossos resultados estão de acordo com os de Goubara e Takasaki (2003) no Japão, que verificaram que as Halictidae forrageiam nas flores de alface desde as 7h da manhã até ao meio-dia.Além disso, a observação do comportamento de forrageamento de L. malachurum e L. pauxillum mostra que estas duas espécies effectam sempre um forrageamento positivo qualquer que seja o produto colhido, pelo que todas as suas visitas podem ser fertilizantes. Estas abelhas quando se instalam na cabeça da flor, seguram o feixe de estilos nas suas pernas inclinando o corpo para fora, o que permite a libertação de grandes quantidades de sementes de pólen. A atividade diária das abelhas nas flores depende da produção de pólen (Stone et al. 1998) ou de néctar (Pierre et al., 1996; Suzo et al., 2001; Pouvreau, 2004) durante o dia. As nossas observações em 2017 mostram que a maior parte das visitas de L. malachurum e L. pauxillum são dedicadas à recolha de pólen, sendo as restantes visitas dedicadas à recolha de néctar e a recolhas mistas dos dois produtos. Jones (1927) e Thompson (1933) também afirmaram que as abelhas Agapostemon texanus, Californicus crawford e Halictus spp. recolhem principalmente pólen das flores de L. sativa.

2. Aboborinha (Cucurbita pepo L.)

2.1. Produção de flores e razão sexual

A floração da Cucurbita pepo começou a 12 de maio de 2016 e a 18 de maio de 2017 e durou 70 e 38 dias, respetivamente. A produção total de flores estaminadas (masculinas) e pistiladas (femininas) durante as duas florações é mostrada na Figura 28 (a e b).

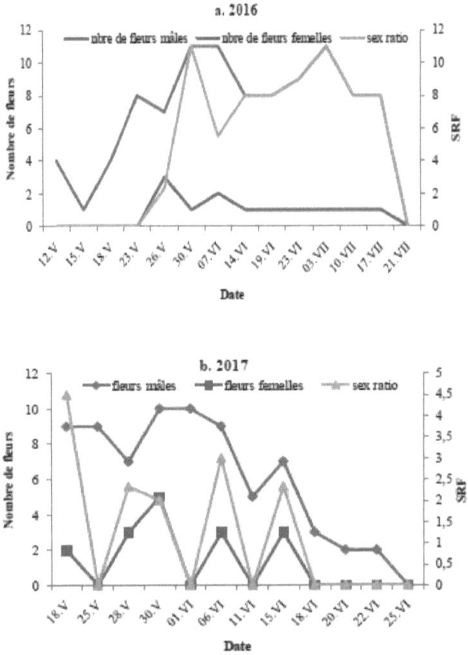

Figura 28: Produção de flores masculinas e femininas por plantas de Cucurbita pepo durante a estação de crescimento. Floradas de 2016 (a) e 2017 (b) e razão sexual floral (RSF: ♂/♀).

O número de flores masculinas é sempre superior ao número de flores femininas. Em 2016, o início da floração foi caracterizado por um aumento progressivo do número de flores estaminadas, que se estabilizou a meio do ciclo, antes de diminuir no final da estação. As flores femininas apareceram após o quarto dia de observação e o seu número permaneceu quase estável durante todo o período de floração da planta. Quanto à floração de 2017, as flores masculinas e femininas apareceram ao mesmo tempo e o seu número variou constantemente ao longo do período de floração. As flores pistiladas desapareceram antes das flores estaminadas. A razão sexual das duas populações também varia ao longo do tempo, sendo que os valores das médias são: 7 ♂ / 1 ♀ em 2016 e 6 ♂ / 1 ♀ em 2017.

5.2. Diversidade e densidade de polinizadores

As observações efectuadas durante os dois períodos de floração mostraram que os insectos que forrageiam nas flores de C. pepo são principalmente apoïdes Hymenoptera pertencentes a duas famílias: Apidae e Halictidae.Foram registadas seis espécies de abelhas na courgette (Tab.25). As espécies A. mellifera, Bombus terrestris (Apidae) e Lasioglossum villosulum (Halictidae) estiveram presentes em ambos os períodos de floração. A abelha melífera registou o maior número de visitas. No entanto, as densidades de abelhas por 100 flores são sobrestimadas porque as forrageadoras estão dispersas por apenas algumas flores. O Apidae Eucera eucnemidea e os dois Halictidae: L. malachurum e L. glabriusculum só foram observados durante a floração em 2016.

Tabela 25. Densidades médias por 100 flores dos polinizadores de Cucurbita pepo durante as épocas de floração de 2016 e 2017. (-: ausência).

Família	Espécies	2016	2017
Apídeos	A.mellifera (L. 1758)	37	73
	B. terrestris (L. 1758)	1	1
	E.eucnemidea (Dours, 1873)	1	-
Halictidae	L. malachurum(Kirby 1802)	5	-
	L. villosulum (kirby 1802)	5	3
	L. glabriusculum (Morawitz, 1872)	1	-

5.3. Evolução do número de visitas das abelhas durante os dois períodos de floração

Em 2016, o pico de visitas de abelhas foi registado a 30 de maio (Fig. 29a) e a tendência do número de visitas de abelhas segue aproximadamente a forma da curva floral. Durante o período de floração de 2017, o padrão das visitas também segue aproximadamente o do desenvolvimento da flor (Fig. 29b). As visitas das abelhas são mais numerosas no início da floração, atingindo o seu máximo a meio do período de floração.

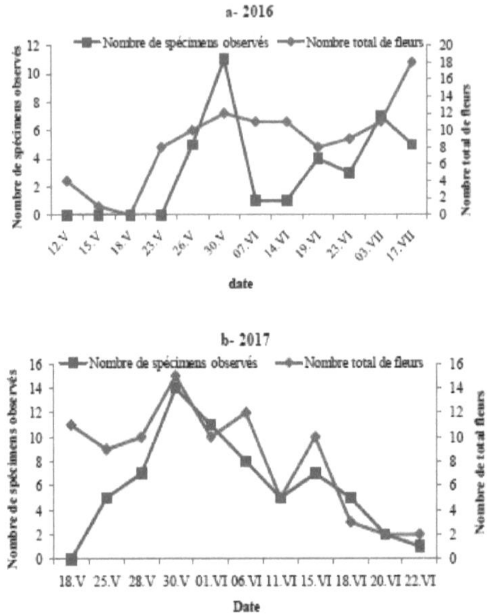

Figura 29: Tendência do número de visitas de Apis mellifera a Cucurbita pepo em relação à densidade de flores durante as épocas de floração de 2016 (a) e 2017 (b).

5.4. Comportamento de forrageamento e eficiência polinizadora

5.4.1. Atividade forrageira

As flores de curgete têm uma duração de vida curta, dispondo cada flor feminina de cerca de 2 a 3 horas para ser polinizada. As visitas das abelhas às flores são mais frequentes durante o segundo e o terceiro períodos de observação (8 e 9 horas), quando o número máximo de flores está a florir. A partir das 10 horas, as visitas das abelhas diminuem, pois muitas flores começam a fechar-se (Fig. 30).

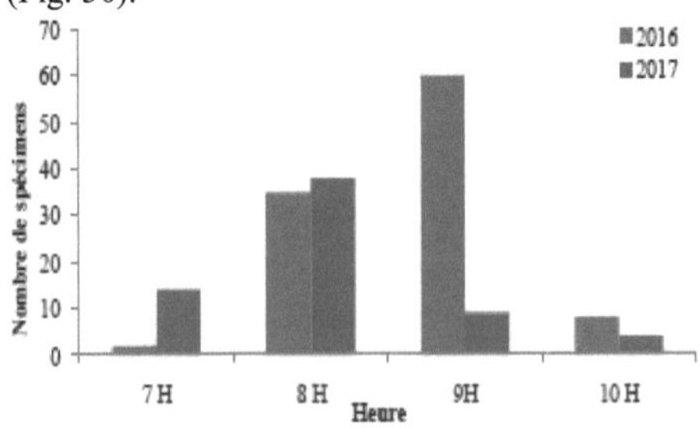

Figura 30: Número de visitas de Apis mellifera registadas em C. pepo em diferentes momentos de observação durante as épocas de floração de 2016 e 2017

5.4.2. Comportamento de forrageamento

As observações da atividade forrageira das abelhas melíferas na courgette durante os dois anos sucessivos do estudo revelaram taxas elevadas de visitas de colheita de néctar pelas abelhas melíferas, com taxas de 81% e 86% respetivamente para as épocas de floração de 2016 e 2017. O resto das visitas (19% em 2016 e 14% em 2017) foram dedicadas à recolha de pólen. A maior parte das visitas (93%) das abelhas selvagens são também dedicadas à recolha de néctar. Embora as flores femininas produzam mais néctar do que as masculinas, as abelhas preferem as flores estaminadas (Tab. 26). Nas flores femininas, antes de penetrar no fundo da corola para recolher o néctar, a abelha pousa primeiro no estigma, onde se desloca. Por vezes, fá-lo antes de abandonar a flor. Assim, as visitas da abelha às flores pistiladas são todas potencialmente polinizadoras. Nas flores masculinas, a abelha pousa sobre as anteras, que coça com as patas dianteiras para recolher o pólen. Para recolher o néctar, o inseto pousa perto do bordo da corola e dirige-se para o fundo. Ao sair da flor, a abelha emerge coberta de pólen. Passa muito tempo a escovar-se e o pólen cai muitas vezes em pequenos montes.

Tabela 26: Distribuição (em %) das visitas de A. mellifera e abelhas silvestres a C. pepo de acordo com o produto floral colhido durante as épocas de floração de 2016 e 2017. +: visita de polinização; n= número de espécimes observados; *= n (néctar+pólen) de flores masculinas

Floração	2016								2017			
Espécies	Apis mellifera				Abelhas selvagens				Apis mellifera			
produto colhido	n		%		n		%		n		%	
Néctar + (fêmea)	22		21		18		32		22		28	
Néctar (macho)	63	83*	60	79*	34	38*	61	68*	46	55*	60	72*
Pólen (macho)	20		19		4		7		9		12	
Número total de visitas	105		100		56		100		77		100	

5.4.3. Eficiência polinizadora

A eficácia da polinização das abelhas nas flores depende do tempo que o inseto passa nos dois tipos de flores. Se uma espécie passa muito tempo a visitar as flores, a taxa das suas visitas polinizadoras seria pequena. Os resultados (Tab. 27) mostram que, durante a floração em 2016 e 2017, a abelha passou significativamente mais tempo nas flores pistiladas do que nas flores estaminadas. (Teste Mann Whitney (U); $p<0, 05$).

Tabela 27: Duração das visitas de A. mellifera às flores de C. pepo durante a floração em 2016 e 2017. ±: erro padrão; n = número de espécimes observados. (Teste de Mann Whitney (U); p<0, 05).

Floração	Tempo de visita nas flores masculinas (em segundos)	Duração da visita às flores femininas (em segundos)	U	P
2016	26.5 ±10.67 (n=30)	46.66 ± 15.61 (n=30)	140	0
2017	26 ± 10.61 (n=30)	50 ± 14.38 (n=30)	95	0

5.5. Apanhar mel

As visitas florais das abelhas durante os dois períodos de floração foram exclusivamente dedicadas à recolha de néctar (Fig.31). O pólen foi igualmente recolhido às 8 e às 9 horas, mas apenas em pequenas quantidades.

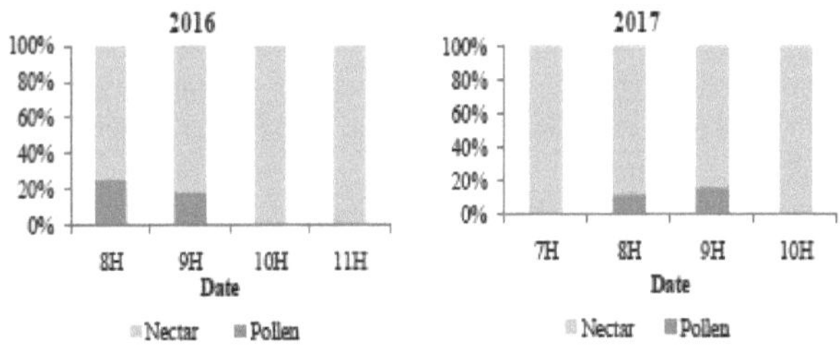

Figura 31: Apis mellifera forrageando em Cucurbita pepo em diferentes momentos do dia durante as épocas de floração de 2016 e 2017.

5.6. Discussão

Os estudos efectuados em C. pepo durante os dois períodos de floração mostraram que a abelha melífera é a espécie mais abundante nesta planta. Estudos realizados na Argélia (Benachour, 2008), em Itália (Nepi e Pacini, 1993), no Brasil (Krug et al., 2010) e nos Estados Unidos (Esther Julier e Roulston, 2009) mostraram igualmente que a A. mellifera é o visitante mais abundante da curgete. Na Índia, Devika Rani et al (2017) revelaram a presença de quatro espécies do género Apis em C. pepo. Nos Estados Unidos, Cane et al. (2010) registaram a abelha solitária Peponapis pruinosa da família Apidae como a espécie mais abundante nesta planta. As visitas das abelhas melíferas às flores são mais frequentes entre as 8 e as 9 horas da manhã, quando o número máximo de flores está a florir. A partir das 10 horas, as visitas das abelhas diminuem porque muitas flores começam a fechar-se. Nossos resultados são semelhantes aos de Sanduleac (1959), Benachour (2008) e Mudssar et al. (2014), que relataram visitas intensas de abelhas entre 8h e 9h. Isto pode ser explicado pelo facto de as flores das abóboras abrirem geralmente pouco depois do amanhecer e fecharem definitivamente ao meio-dia ou pouco depois, recebendo muitas vezes visitas frequentes de polinizadores logo pela manhã (Tepedino, 1981). De facto, este período corresponde à produção máxima de pólen e de néctar, o que resulta numa atividade intensa das abelhas. Este elevado nível de atividade das abelhas assegura uma polinização adequada da planta, uma vez que as flores, tal como as de outras Cucurbitáceas, permanecem abertas apenas durante um dia e apenas durante algumas horas. Os nossos resultados estão de acordo com os de Benachour (2008) em Constantine, onde ela relatou que as visitas às flores pelas abelhas melíferas são exclusivamente para a recolha de néctar. O néctar é secretado em grandes quantidades pelas flores (Tepedino 1981; Nepi & Pacini 1993). O pólen, por outro lado, raramente é recolhido pela abelha. As flores estaminadas não produzem muito pólen e este é mais abundante durante as primeiras horas da antese (Nepi & Pacini 1993). Michelbacher et al (1964) e Philippe (1991) observaram igualmente que este produto é raramente recolhido pelas abelhas. No entanto, Devika Rani et al (2017) revelaram que mais de 47% das visitas das abelhas melíferas são dedicadas à colheita de pólen e 19% à colheita de néctar.A eficiência de polinização das abelhas é medida pela distribuição de indivíduos em flores masculinas e femininas, e o número de flores forrageadas por minuto. As nossas observações mostraram que as abelhas visitam mais frequentemente as flores masculinas do que as femininas; isto pode dever-se ao facto de o seu número ser sempre superior ao das flores femininas. Os nossos resultados corroboram os de Benachour (2008) e Mudssar et al. (2014), que explicam esta situação pelo facto de a concentração de açúcar do néctar produzido pelas flores masculinas ser mais elevada. No entanto, em courgette, foi demonstrado que as flores femininas produzem mais néctar do que as flores masculinas e são mais frequentemente visitadas pelas abelhas (Tepedino 1981; Couto et al. 1990; Philippe 1991; Nepi & Pacini 1993).As visitas das abelhas melíferas são também mais rápidas nas flores estaminadas. Estes resultados são semelhantes aos obtidos por Tepedino (1981), Nepi & pacini (1993) e Benachour (2008). Segundo estes últimos autores, as visitas das abelhas são mais lentas nas flores pistiladas devido à maior quantidade de néctar e à posição do nectário.

3. Melancia (Citrullus lanatus)

3.1. Produção de flores e razão sexual :

A floração de Citrullus lanatus começou em 04 de julho de 2016 e 02 de julho de 2017 e durou 40 e 45 dias, respetivamente. A produção total de flores estaminadas (masculinas) e pistiladas (femininas) durante as duas florações é apresentada na Figura 32 (a e b).

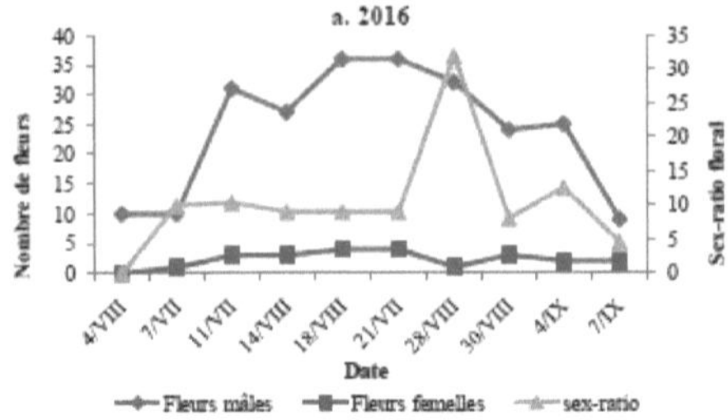

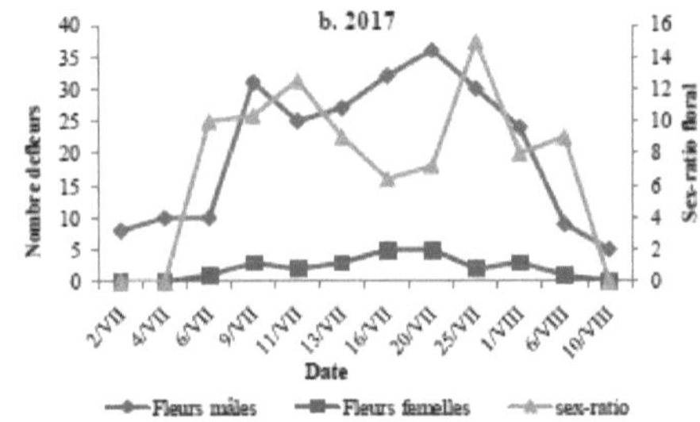

Figura 32: Produção de flores masculinas e femininas por plantas de Citrullus lanatus durante a estação de crescimento. Florações de 2016 (a) e 2017 (b) e razão sexual floral (♂/♀)

As flores masculinas aparecem alguns dias antes das flores femininas e o seu número é sempre superior ao das flores femininas. Este número varia constantemente, sendo baixo no início e no fim da floração e atingindo o seu máximo em 18 e 21 de julho de 2016 e 20 de julho de 2017. Da mesma forma, o número de flores femininas flutua durante a floração. A razão sexual das duas populações também varia ao longo do tempo. Em 2016, foi estável no início da floração e variou constantemente no final da estação. Os rácios sexuais médios da população são: 24 ♂ / 2 ♀ e 21 ♂/ 2 ♀ respetivamente em 2016 e 2017.

6.2. Diversidade e densidade de polinizadores

As observações efectuadas nas flores de C. lanatus durante os dois períodos de floraison mostram que os insectos forrageadores desta planta são todos apoïdes Hymenoptera pertencentes a três famílias. Foram registadas onze espécies, incluindo 6 Apidae, 4 Halictidae e 1 Megachilidae (Tab.28). Entre as espécies encontradas, Laioglossum pauxillum, pertencente à família Halictidae, é mais frequente e a sua densidade por 100 flores é maior durante ambas as florações. Entre os Apidae, A. mellifera e Nomada sp. são as mais abundantes nas flores, com densidades respetivas por 100 flores de 30 e 35 indivíduos em 2016 e 22 e 34 indivíduos em 2017. Ceratina saundersi (Apidae) também está relativamente bem representada. A família Megachilidae foi representada por uma única espécie em ambos os períodos de floração. As outras espécies fizeram visitas ocasionais. (Tab. 29).

Tabela 28: Número de espécimes (Nind) e frequências relativas (%Nind) de apoides registados nos transectos durante os blooms de 2016 e 2017.

Família	Espécies	2016		2017	
		N	N%	N	N%
	Apis mellifera	66	29.07	71	26.59
	Nomada sp	49	21.59	63	23.60
Apídeos	Ceratina saundersi Ceratina cucurbitina	22 1	9.69 0.44	19 17	7.12 6.37
	Amegella sp.1	1	0.44	5	1.87
	Amegella sp.2	2	0.88	-	-
	Laioglossum pauxillum	69	30.40	75	28.09
Halictidae	Lasioglossum sp. Halictus scabiosae	1 5	0.44 2.20	- 10	- 3.75
	Halictus sp.	3	1.32	-	-
Megachilidae	Megachile sp.	8	3.52	7	2.62
Total	11 espécies	277	100	267	100

Tabela 29. Densidades médias por 100 flores dos polinizadores de C. lanatus durante as épocas de floração de 2016 e 2017. (- : ausência)

Família	Espécies	2016	2017
	A. mellifera	30	35
	Nomada sp.	22	34
Apídeos	Ceratina saundersi Ceratina cucurbitina	9 4	11 10
	Amegella sp1	3	4
	Amegella sp2	3	-
	L. pauxillum	34	29
Halictidae	L. glabriusculum H. scabiosae	1 4	- 6
	Halictus sp.	2	-
Megachilidae	Megachile sp.	8	6

6.3. Número de visitas das abelhas durante os dois períodos de floração

Em 2016, o pico de visitas de abelhas foi registado a meio do período de floração (18 e 21 de agosto) (fig. 33 a) e a evolução do número de visitas de abelhas segue aproximadamente a forma da curva de floração. Durante a época de floração de 2017, o pico de visitas foi registado no final do período de floração (20 de julho) (fig. 33 b). A partir de 20 de julho, o padrão de visitas também segue aproximadamente o padrão da floração.

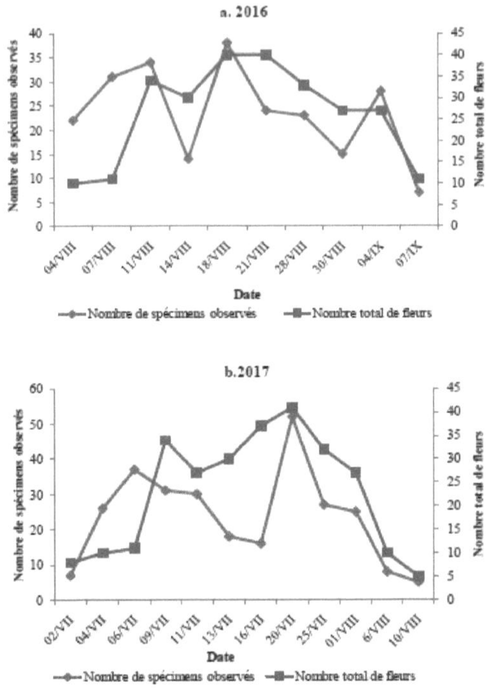

Figura 33: Tendência do número de visitas das abelhas ao C. lanatus em relação ao número de flores durante as épocas de floração de 2016 (a) e 2017 (b).

6.4. Atividade forrageira e comportamento dos apóides

Durante os dois períodos de floração da melancia, a atividade diária dos polinizadores mais abundantes nas flores, as diferentes espécies apresentam padrões variados de distribuição diária. No período de floração de 2016 (Fig. 34a), as quatro espécies de abelhas monitorizadas começaram a visitar as flores de melancia a partir das 8h, sendo a abelha melífera a que mais visitas fez a esta hora do dia, cessando a sua atividade às 10h. A atividade das outras espécies intensifica-se a partir das 9 horas e diminui ou desaparece às 10 horas. Em 2017, as visitas das abelhas começaram timidamente às 7h e intensificaram-se às 8h e 9h, diminuindo às 10h (Fig. 34b). O estudo do comportamento das abelhas observadas na planta não revelou qualquer recolha de pólen por parte destes insectos. O néctar foi o único produto recolhido por todas as espécies que visitaram a planta.

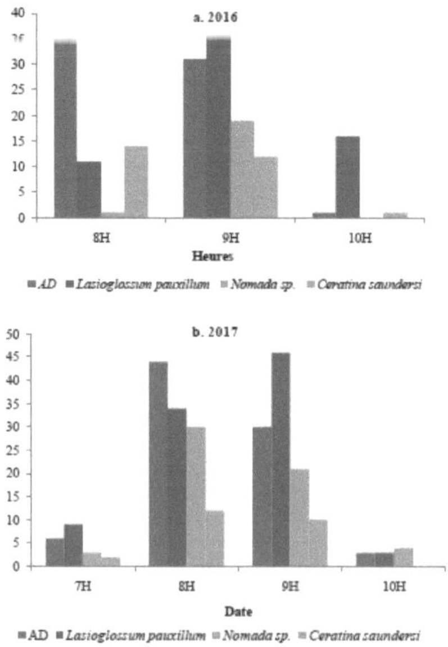

Figura 34: Variação do número dos principais polinizadores de Citrullus lanatus em diferentes momentos do dia durante a floração em 2016 (a) e 2017 (b).

6.5. Eficiência de polinização das abelhas

A velocidade de forrageamento das principais espécies encontradas nas flores de C. lanatus foi registada durante a floração em 2016 (Tab. 30). As visitas das abelhas melíferas foram as mais frequentes, enquanto L. pauxillum registou a menor velocidade nas flores de melancia.

Tabela 30: Velocidade de forrageamento das espécies de abelhas em Citrullus lanatus durante a época de floração de 2016.(N = número de espécimes observados; ±: erro padrão)

	N	Velocidade de forrageamento (flores/min)
Apis mellifera	30	9.9 ± 1.25
Ceratina saundersi	30	8.4 ± 2.7
Nomada sp.	30	6.3 ± 1.9
Asioglossum pauxillum	30	4.9 ± 0.83

Tal como a curgete, a melancia é uma planta monóica e a eficácia da polinização da espécie pode também ser medida pela proporção de visitas às flores estaminadas e às flores pistiladas, bem como pelo tempo passado pelas abelhas em cada tipo de flor. As abelhas mostraram uma clara preferência pelas flores estaminadas (Tab. 31) e as suas visitas às flores pistiladas são todas potencialmente fecundantes, pois entram em contacto com o estigma.

Tabela 31. Percentagens de visitas efectuadas por abelhas melíferas e abelhas selvagens a flores masculinas (♂) e femininas (♀) de C.lanatus (épocas de floração de 2016 e 2017). (N = número total de espécimes observados; n = número de espécimes observados em cada tipo de flor).

Floração	2016					2017				
Flor		♂		♀			♂		♀	
Espécies	N	n	%	n	%	N	n	%	n	%
Apis mellifera	66	52	79	14	21	71	54	76	17	22
Nomada sp.	49	34	69	15	31	63	58	92	5	5
Lasioglossum pauxillum	69	50	72	19	28	75	65	87	10	11
Ceratina saundersi	22	14	64	8	36	19	15	79	4	5

O tempo gasto pelas abelhas nas flores masculinas e femininas foi medido durante a floração em 2016 (Tab.32). Verificámos que as quatro espécies de abelhas observadas passaram significativamente mais tempo nas flores femininas do que nas flores masculinas (teste Mann Whitney (U); p<0,05).

Tabela 32: Tempo médio (em segundos) gasto pelas diferentes espécies de abelhas nas flores masculinas (♂) e femininas (♀) de C. lanatus durante a floração em 2016. (n = número de espécimes observados ; ± : erro padrão (teste Mann Whitney (U); p<0, 05)

	Apis mellifera	Ceratina saundersi	Nomada sp.	Lasioglossum pauxillum
Flores ♂	(n=19) 6.03±0.89	(n=15) 8.9±2.58	(n=22) 10.12±3.06	(n=22) 8.84±1.33
Flores ♀	(n=19) 11.66±2.79	(n=15) 18.66±5.16	(n=22) 12.72±2.14	(n=22) 17.31±3.15
U	0	0	135	0
P	0	0	0.01	0

6.6. Discussão

O estudo efectuado em C. lanatus durante os dois períodos de floração mostrou que as flores desta Cucurbitaceae atraem numerosos visitantes, a maioria dos quais são himenópteros apóides. Foram registadas na planta 3 famílias, 7 géneros e 11 espécies de abelhas. Os Apidae, representados principalmente por A. mellifera e Nomada sp., são as forrageadoras mais abundantes (em média 50% das visitas observadas) nas flores durante os dois períodos de floração.

Entre as Halictidae, L. pauxillum registou o maior número de visitas. Esta espécie foi responsável por uma média de 88% das visitas dos Halictidae. Quanto aos Megachilidae, eles são os visitantes menos abundantes da planta (3% das visitas observadas).

Vários autores (Rao e Suryanarayana, 1988; Sanford, 1992; Hodges e Baxendale, 1995; Stanghellini et al., 1998; Njoroge et al., 2004; Taha e Bayoumi, 2009 e Azo'o et al., 2010) demonstraram que a abelha melífera é o principal polinizador da melancia. No entanto, o nosso estudo identificou outras abelhas importantes nesta planta. Estes resultados são coerentes com os de Njoroge et al (2010), que registaram a visita de 3 espécies de abelhas Lasioglossum às flores de melancia. Esta intensa atividade matinal está sincronizada com a abertura máxima das flores, que começa uma a duas horas após o nascer do sol (Mc Gregor, 1976). De acordo com Poole e Porter (1933) e Sedgley e Buttrose (1978), o estigma está recetivo durante todo o dia, mas a polinização ocorre principalmente de manhã. Estas observações são semelhantes às de Njoroge et al (2004) no Quénia e de Taha e Bayoumi (2009) no Egipto.

A recolha do néctar é o objetivo de todas as abelhas que visitaram a planta durante as nossas observações. Este facto corrobora os resultados obtidos por Njoroge et al (2009), Taha e Bayoumi (2009) e Azo'o et al (2010) que também constataram que o néctar é o principal produto colhido pelas abelhas que visitam a melancia.

Embora as visitas das abelhas às flores pistiladas sejam potencialmente polinizadoras, são muito menos numerosas do que as visitas às flores masculinas. Collison e Martin (1979) verificaram também que as abelhas visitam mais frequentemente as flores estaminadas. A diferença de secreção de néctar entre os dois tipos de flores pode explicar a preferência das abelhas por um ou outro. No entanto, foi demonstrado que as flores pistiladas produzem mais néctar, que é mais concentrado em açúcares (Taha e Bayoumi, 2009). A maior atração das flores estaminadas pelas abelhas pode, portanto, ser explicada pelo maior número de flores masculinas em relação às femininas.

A eficiência de polinização das abelhas é medida pela distribuição dos indivíduos nas flores masculinas e femininas e pelo número de flores forrageadas por minuto. Nossas observações mostraram que a abelha melífera é a espécie mais rápida, visitando flores de melancia a uma taxa de 9,9 ± 1,25 flr/min. Esses resultados são semelhantes aos encontrados por Azo'o et al (2010) que observaram uma velocidade de 10,20 ± 2,75 flr/min para a abelha melífera. Quanto ao tempo gasto pelas abelhas nas flores masculinas e femininas, parece que quanto menos tempo a abelha passa nas flores pistiladas, maior é a taxa de suas visitas polinizadoras (Tepedino 1981; Cervancia & Bergonia 1991). Os nossos resultados mostram que as abelhas passam mais tempo nas flores femininas do que nas flores masculinas. A abundância de néctar nas flores femininas pode explicar a lentidão das visitas das forrageadoras a essas flores. De facto, Collison & Martin (1979) verificaram que a duração das visitas às flores estava correlacionada com a quantidade de néctar presente. Os autores observaram que, se uma abelha melífera não for perturbada, permanecerá na flor até ter recolhido todo o néctar.

7. Laranja (Citrus sinensis)

7.1. Floração

O floraison começou em 02.03.2016, 05.04.2017 e 27.03.2018 e durou 58, 23 e 44 dias, respetivamente (Fig. 35a, b e c). O floraison foi mais reduzido em 2017 devido a um inverno mais seco e um verão muito quente com temperaturas escaldantes em comparação com 2016 e 2018. A floração máxima foi registada em 21 de abril de 2016, 16 e 19 de abril de 2017 e 09 de abril de 2018. As flores de laranjeira estiveram abertas durante todo o dia.

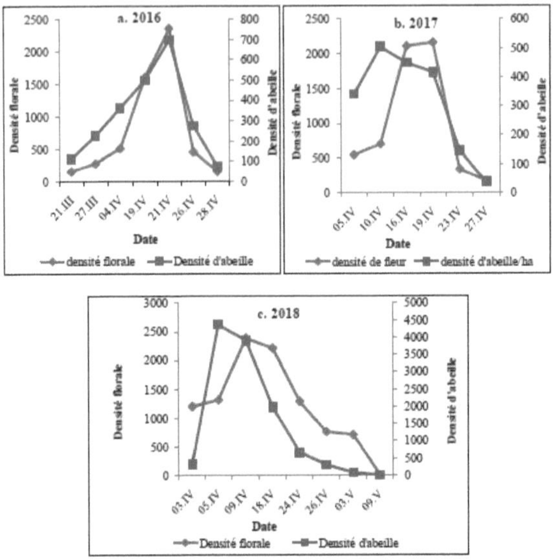

Figura 35: Ciclo de floração de Citrus sinensis e densidade de abelhas em 2016 (a), 2017 (b) e 2018 (c).

A colonização do pomar de laranjeiras pelas abelhas regista-se desde o aparecimento das primeiras flores. A densidade de abelhas acompanha a evolução das flores. As taxas de visita mais elevadas foram registadas durante o pico de floração da laranja, em 21 de abril de 2016, 10 de abril de 2017 e 5 de abril de 2018. No final do período de floração, o número de abelhas diminui gradualmente à medida que a floração diminui.

7.2. Diversidade e densidade de polinizadores

O estudo efectuado em C. sinensis mostrou que as flores deste citrino atraem uma entomofauna polinizadora composta quase exclusivamente por himenópteros apóides, todos pertencentes à família Apidae. Foram identificadas três espécies: A. mellifera, X. violacea L. 1758 e B. terrestris L. 1758. A abelha melífera é observada durante todo o ano. É de longe a espécie mais dominante, com densidades superiores a 300 indivíduos/ha, e é relativamente muito frequente, nomeadamente durante as observações de 2018. Quanto às outras duas espécies, a sua presença é apenas episódica (Tab. 33).

Tabela 33: Densidade de polinizadores por hectare no pomar de laranjeiras.

Ano	Espécies	Densidade/ha
	A. mellifera	321
2016	X. violacea	5
	B.s terrestris	2
	A. mellifera	316
2017	X. violacea	1
	B.s terrestris	2
	A. mellifera	1755
2018	X. violacea	2
	B.s terrestris	<1

7.3. Atividade forrageira e comportamento dos apóides

A atividade diária e o comportamento de forrageamento da A. mellifera foram observados durante os três períodos de floração da laranjeira. A abelha começou a forragear nas flores de laranjeira a partir da primeira hora de observação (8 horas), a sua atividade intensificou-se às 10 e 11 horas e diminuiu progressivamente durante a tarde (Fig. 36). O estudo do comportamento das abelhas nas flores de laranjeira não revelou qualquer recolha de pólen. Todas as visitas são consagradas à recolha de néctar, com a abelha a recolher o néctar na parte basal do estilete e nos estames. Algumas abelhas recolhem o néctar antes mesmo de as flores se abrirem, tentando abri-las.

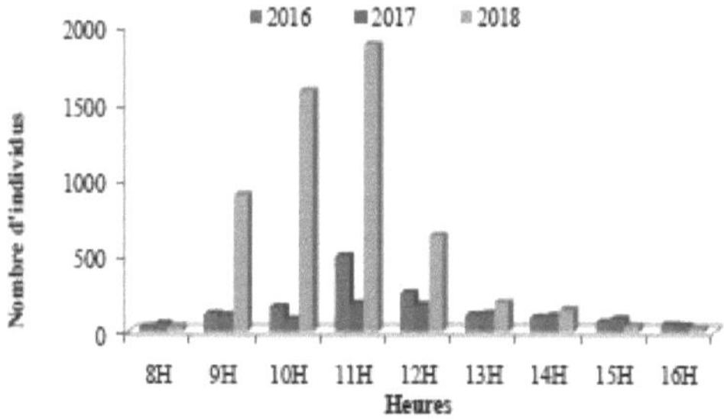

Figura 36: Variação do número de abelhas melíferas nas flores de Citrus sinensis durante as observações em 2016, 2017 e 2018.

7.4. Eficiência polinizadora

A velocidade de forrageamento parece ser o principal parâmetro para estimar a eficácia da polinização. Para determinar se as abelhas forrageiam nas flores de laranjeira ao mesmo ritmo ao longo do dia, medimos a sua velocidade de forrageamento às 8 horas, às 10 horas e às 16 horas (Tab. 34). Além disso, foi efectuado um teste de variância para determinar o efeito da hora de atividade sobre a velocidade de forrageamento da abelha. A análise de variância (Tab.35) ao limiar de 5% mostra que a probabilidade calculada (P= 0) é inferior a α = 0,05, pelo que existe uma diferença significativa na velocidade de forrageamento da abelha melífera entre as três horas de atividade. É mais rápida às 8 e às 16 horas e mais lenta às 10 horas. Por outro lado, comparámos a velocidade de alimentação das abelhas melíferas em três espécies de citrinos (Tab.36): tangerina (C. reticulata), laranja (C. sinensis) e limão (C. limon). Os resultados mostraram que a abelha é claramente mais rápida nas flores de tangerina (7 flrs/min). Quanto ao limão e à laranja, forrageiam mais ou menos à mesma velocidade (3 flrs/min e 2,8 flrs/min, respetivamente).

Tabela 34: Velocidade de forrageamento de Apis mellifera em flores de Citrus sinensis durante a floraison de 2016.

Horas	Número de indivíduos observados	Velocidade (flores/min)
8 H	30	4.5 ± 1.04
10 H	30	2.7 ± 1.5
16 H	30	3.9 ± 0.75

Quadro 35: Resultados da análise de variância para Apis mellifera observados na região de Tizi-Ouzou

	S.C.E	DDL	C.M.	TESTE F	PROBA
TOTAL VAR.	158.489	89	1.781		
VAR.tempo	44.956	2	22.478	17.225	0
VAR.RESIDUAL 1	113.533	87	1.305		

Tabela 36: Velocidade de forrageamento de Apis mellifera em flores de Citrus durante a floraison de 2016.

árvore	Número de indivíduos observados	Velocidade (flores/min)
Citrus sinensis	30	2.8 ± 1.5
Citrus reticulata	30	7 ± 1.9
Citrinos limões	30	3 ± 0.9

7.5. Discussão

O estudo realizado em C. sinensis durante as florações de 2016, 2017 e 2018 revelou que esta árvore frutífera atrai muitos visitantes, a maioria dos quais são Hymenoptera apóides da família Apidae. A abelha A. mellifera foi a espécie mais abundante nas flores durante os três períodos de estudo. Estes resultados são coerentes com os de vários autores que estudaram a polinização dos citrinos. Na Argélia, Barbier (1964) apenas registou a presença da abelha melífera nas flores de clementina e observou que este inseto é, sem dúvida, o principal polinizador dos citrinos. O mesmo se aplica aos estudos efectuados no Brasil (Malerbo-Souza et al., 2004 e Ribeiro et al., 2017), no México (Grajales-Conesa et al., 2013) e na Índia (Singh, 2016), que revelaram que

A. mellifera é a espécie mais abundante nas flores cor de laranja. Quanto a B. terrestris e X. violacea, a sua presença nas flores é apenas episódica. Esta fraca densidade pode dever-se à atração exercida por outras plantas com flores na proximidade do pomar. Segundo Barbier

(1964), a ausência de outros polinizadores para além das abelhas pode dever-se à natureza argilosa do solo ou à sua humidade. Estas visitas são muito elevadas às 11 horas da manhã, e esta atividade intensa pode ser explicada por uma secreção elevada de néctar. A este respeito, Ribeiro et al (2017) revelaram uma diferença significativa no volume de néctar segregado pelas flores de laranjeira durante as horas do dia, revelando uma intensa secreção de néctar às 10h30. De acordo com Vansell et al (1942), o néctar da laranja é atrativo quando está concentrado em açúcar. Esta concentração é afetada pela humidade do ar; de facto, o néctar é rico em açúcar em tempo seco. O estudo do comportamento de forrageamento da A. mellifera não revelou a recolha de pólen e todas as suas visitas foram para recolha de néctar. Em geral, os citrinos não são considerados pelos apicultores como uma excelente fonte de pólen (Mc Gregor, 1976). Nossos resultados concordam com os de Ribeiro et al. (2017) que relataram que 90% das visitas das abelhas melíferas são dedicadas à coleta de néctar. Quanto a Singh (2016), revelou a presença de três espécies de abelhas do género Apis nas flores de laranjeira, recolhendo tanto néctar como pólen. Algumas abelhas recolhem néctar mesmo antes de as flores se abrirem, enquanto tentam abri-las, este comportamento pode dever-se à secreção de néctar pelos botões florais. A laranja é uma das raras flores que segrega néctar antes do desenvolvimento das pétalas (Vansell et al., 1942).

No que diz respeito à eficácia da polinização das abelhas nas flores de laranjeira durante as diferentes horas de observação, os nossos resultados mostraram que as abelhas são mais eficazes às 08:00 e às 16:00 e mais lentas às 10:00. Esta diferença de velocidade explica-se talvez pelo facto de o néctar ser mais rico em açúcar no tempo seco, mas também pela quantidade de néctar segregado. Se a abelha verificar que a flor que visita é rica em néctar, passará mais tempo a explorá-la. Os resultados do trabalho de Ribeiro et al (2017) sobre os estudos da laranja apontam na mesma direção, demonstrando que uma grande quantidade de néctar é efetivamente segregada às 10h30. Além disso, as abelhas parecem ser mais activas noutras horas do dia (8h e 16h), quando as temperaturas são supostamente mais amenas do que às 10h.

Como as abelhas são os principais polinizadores dos citrinos, o vento e outros insectos desempenham um papel mínimo. Por esta razão, a localização das colónias de abelhas tem sido frequentemente recomendada. Vansell e Watkins (1942) referiram que algumas flores continham 1,5 cargas de néctar para as abelhas, com uma média de 20 microlitros, em comparação com 0,8 a 2,4 microlitros por flor para a luzerna, outra fonte importante de néctar. Devido à grande quantidade e à qualidade superior do mel produzido pelas abelhas que se alimentam da flor dos citrinos, muitos apicultores instalam as suas colónias na maioria dos pomares ou na sua proximidade. Por outro lado, para garantir uma boa polinização das flores, os produtores de citrinos precisam de providenciar um número e uma localização adequados das colónias de abelhas.

CONCLUSÃO E PERSPECTIVAS

As investigações efectuadas em 2016, 2017 e 2018 na região de Tizi-Ouzou em 6 plantas de horta e na laranjeira revelaram que a abelha melífera é o principal polinizador da curgete e da laranjeira. É também o principal visitante da melancia, juntamente com quatro outras espécies de abelhas solitárias: Ceratina saundersi, Ceratina cucurbitina, Nomada sp. e Lasioglossum pauxillum. Além disso, duas Halictidae, L. pauxillum e Lasioglossum malachurum, parecem ser os principais polinizadores da alface e da cebola. As duas leguminosas, a fava e o grão-de-bico, são polinizadas principalmente por outras espécies de abelhas. As flores do feijão são muito apreciadas por duas espécies da família Apidae, Eucera numida e Apis mellifera. As abelhas Bombus terrestris e Xylocopa violacea (Apidae) também se alimentam do feijão. No caso do grão-de-bico, Eucera decolorata e Eucera eucnemidea (Apidae) são os principais polinizadores. Um estudo sobre o efeito da polinização entomófila na produção de feijão e cebola revelou que a presença de insectos polinizadores melhora significativamente o rendimento destas plantas. No que diz respeito à distribuição das abelhas por família em todas as plantas estudadas, os Apidae, com uma média de 65% das visitas observadas, são os apídeos mais abundantes. Os Halicidae vêm em segundo lugar com uma média de 32% das visitas observadas.

A abelha melífera é a única espécie comum a todas estas plantas. É o inseto mais eficaz e mais utilizado para a polinização. A sua atividade forrageira responde às necessidades nutricionais da colónia, com um forrageamento optimizado (Alleaume, 2012). É domesticada desde há muito tempo e já era criada pelo homem no antigo Egipto (há 4000 anos), principalmente para a produção de mel e cera, e não por uma capacidade superior de polinização (Batra, 1995 citado por Benachour, 2008). A ela era atribuída nada menos que 80% da atividade de polinização das culturas agrícolas. No entanto, a sua importância pode ter sido muito exagerada. Em 2007, por exemplo, a população de abelhas na Grã-Bretanha não era responsável por mais de um terço da atividade total de polinização, sendo o restante proveniente de polinizadores selvagens, em particular de abelhas selvagens. Outro estudo indica claramente que as abelhas selvagens que se alimentam de flores aumentam a frutificação das culturas agrícolas, mesmo quando as abelhas melíferas são abundantes. Um estudo recente em grande escala mostrou que a atividade de polinização das abelhas melíferas e das forrageadoras selvagens em 41 culturas em todos os continentes foi comparada. De facto, em certas culturas e em certas condições, a abelha melífera não é eficaz (Batra 1995 citado por Benachour, 2008). Segundo Tasei (1978 citado por Benachour, 2008), a abelha recolhe o néctar sem acionar a flor, ou participa apenas de forma muito reduzida na polinização (as forrageadoras de néctar são accionadas a uma taxa de apenas 1%). As abelhas selvagens são geralmente os polinizadores mais eficazes: algumas centenas de fêmeas de abelhas pedreiro Osmia cornuta são suficientes para polinizar um hectare de macieiras ou amendoeiras. Certas flores cujo néctar é difícil de explorar e evitado pelas abelhas domésticas, como o trevo vermelho, a luzerna ou o tomate, são visitadas por abelhas selvagens especializadas (Pfiffner e Mûller, 2014). No Japão, a Osmia cornifrons é criada para polinizar macieiras (Sekita &Yamada 1993 citado por Benachour, 2008). A eficácia da polinização destas espécies deve-se ao seu comportamento de forrageamento (fidelidade à planta hospedeira, rapidez de forrageamento, pequena superfície de forrageamento, eficácia na recolha e distribuição do pólen). Os abelhões, que são melhores polinizadores do que as abelhas melíferas, são utilizados em estufas para polinizar o tomate. Um estudo sobre o comportamento de forrageamento da abelha selvagem Eucera numida sobre a fava mostra também a superioridade polinizadora desta espécie em relação à abelha doméstica. Além disso, várias espécies de abelhas selvagens voam mesmo quando as temperaturas e a radiação solar são baixas e desempenham um papel importante na polinização, nomeadamente das árvores de fruto. No entanto, em comparação com certas espécies de abelhas, a abelha melífera não se adapta tão bem às condições climatéricas adversas. Além disso, adaptam-se menos bem às condições de estufa do que os abelhões e têm tendência a afastar-se da cultura que estão a polinizar em favor de uma fonte de alimento mais lucrativa (Pouvreau, 2004).

Um estudo sobre a eficácia da polinização de certas espécies de abelhas em função da sua velocidade de forrageamento nas flores das plantas estudadas revelou que a abelha melífera é a mais rápida nas flores de cebola e de melancia. Por outro lado, os machos de E. numida são mais rápidos do que as abelhas melíferas nas flores de feijão. Nas flores de grão-de-bico, E. decolorata é mais rápida do que E. eucnemidea. Do mesmo modo, nas flores de alface, L. malachurum é de longe mais rápida do que L. pauxillum. A principal garantia de uma polinização eficaz das plantas selvagens e cultivadas reside, portanto, na combinação de populações saudáveis de abelhas melíferas e de comunidades de abelhas selvagens numerosas e ricas em espécies. De acordo com Pfiffner e Mûller (2014), as abelhas melíferas podem simplesmente complementar a atividade de polinização das forrageadoras selvagens, e não substituí-la. De facto, contrariamente às expectativas, não é o número de abelhas forrageiras que se revela o fator mais importante para o sucesso da polinização do café, mas sim a diversidade das espécies de abelhas, pelo que as abelhas melíferas não podem ser os únicos polinizadores nos ecossistemas. Infelizmente, as populações de abelhas selvagens flutuam, em maior ou menor grau, de ano para ano. As observações efectuadas em certas regiões indicam que, enquanto algumas espécies permanecem estáveis, outras estão a tornar-se mais raras, a diminuir ou mesmo a desaparecer (Pouvreau, 2004). A primeira é a exposição das abelhas aos produtos fitofarmacêuticos ou pesticidas nas zonas cultivadas. As abelhas são expostas diretamente durante a aplicação dos tratamentos, mas também através dos resíduos destes produtos químicos contidos nas matrizes colhidas pelas abelhas (Anonymous 6, 2013). Os pesticidas, nomeadamente as neurotoxinas, desorientam as abelhas, modificam o seu comportamento e enfraquecem o seu sistema imunitário. A segunda razão para o declínio do número de abelhas é a redução dos recursos alimentares. Para assegurar o seu ciclo de vida, as abelhas necessitam de pólen de qualidade proveniente de uma flora diversificada (fonte de proteínas) e de néctar (fonte de energia). A redução da biodiversidade nas zonas agrícolas, ligada nomeadamente à monocultura, teve como consequência uma diminuição do número de espécies vegetais disponíveis e um encurtamento do seu período de floração. Para além da falta de pólen, que conduz a uma falta de reservas suficientes, há uma falta de diversidade, que afecta a saúde das populações de abelhas (Anónimo 6, 2013).A modificação das paisagens (Holzschuh et al, 2007, in Lachaud e Mahé, 2008) resultante das alterações das práticas agrícolas, pastoris e florestais, o declínio extremo das culturas forrageiras tradicionais (alfafa, sanfeno, trevo) e a utilização regular de herbicidas selectivos nas culturas de campo, A alteração sistemática das pastagens permanentes, que favorece as Poaceae em detrimento das plantas com flores entomófilas (dicotiledóneas), completa a lista das razões do declínio das populações de polinizadores selvagens (Lachaud e Mahé, 2008). Rasmont et al. (2003), para além da monda das culturas arvenses e do quase desaparecimento das Fabaceae, citam a "limpeza" excessiva dos terrenos baldios e das bermas das estradas. De acordo com Lachaud e Mahé (2008), a poluição mascara uma parte do odor das flores e das feromonas sexuais das abelhas, dificultando-lhes a procura de alimentos e de parceiros para a reprodução. A intensificação da urbanização, a criação de zonas industriais e os incêndios florestais são também as causas do desaparecimento de numerosos biótopos que fornecem habitat e alimento aos insectos polinizadores. O declínio das populações de abelhas (domésticas e selvagens) conduziria a um empobrecimento da biodiversidade vegetal e animal. A nossa agricultura e, por conseguinte, a nossa segurança alimentar dependem desta biodiversidade. O declínio destas populações de insectos polinizadores pode ter efeitos mais ou menos graves na sobrevivência das espécies vegetais autóctones que necessitam de polinização entomófila, com consequências económicas lamentáveis. Medidas de proteção específicas podem ser eficazes para promover as abelhas selvagens. De um modo geral, a maior prioridade deve ser dada à preservação dos habitats onde abundam flores e pequenas estruturas. Todas as medidas destinadas a aumentar a quantidade, a diversidade e a melhoria da distribuição das plantas com flores e das pequenas estruturas com boa exposição solar são benéficas para a diversidade das espécies e a dimensão das populações de abelhas selvagens. Neste contexto, a proximidade entre os recursos alimentares e os locais de nidificação e a presença permanente de flores desde o início da primavera até ao final do verão são de importância crucial (Pfiffner e Mûller, 2014). Também é aconselhável manter parcelas não cultivadas dentro ou perto de terras cultivadas. Estas faixas não cultivadas não só fornecem um habitat para os insectos auxiliares (polinizadores ou predadores de insectos nocivos), mas também podem aumentar o número destes insectos nas culturas, aumentando assim os rendimentos (Francis et al. 2003; Morandin & Winston, 2006 citado por Benachour, 2008). Outra forma de proteger e aumentar a população de polinizadores selvagens é selecionar e criar as espécies mais adequadas para polinizar eficazmente as flores das plantas cultivadas. A criação de espécies de abelhas selvagens endémicas da Argélia poderia ser realizada como na Europa e na América do Norte para satisfazer as necessidades de polinização de plantas que não são polinizadas pela abelha doméstica. Em conclusão, as observações efectuadas na região de Tizi-Ouzou sobre um certo número de plantas hortícolas mostram que, apesar do papel importante desempenhado pela abelha melífera, as abelhas selvagens continuam a ser agentes polinizadores interessantes. Pode portanto dizer-se que estas abelhas desempenham um papel complementar ao da abelha melífera na polinização. No entanto, o seu papel complementar só pode ser observado em plantações onde a sua densidade é suficientemente elevada, ou seja, em pomares situados num ambiente que permita a sobrevivência e o desenvolvimento das suas populações. Por conseguinte, parece essencial não depender de uma única espécie de polinizador e ter em conta a importância das interacções entre ambientes naturais e cultivados para a fauna polinizadora e para a polinização de plantas cultivadas e selvagens. É o caso da Ophrys polinizada por iscas sexuais de escaravelhos Andrena machos, que se alimentam do néctar e do pólen de outras plantas, incluindo espécies cultivadas. É necessário sensibilizar os agricultores para o papel desempenhado pelas abelhas domésticas e selvagens na polinização das culturas, a fim de melhorar os rendimentos. A existência de abelhas e a produção de mel e de cera são conhecidas por muitos, mas não o papel desempenhado por estas abelhas na polinização.

Poderiam ser organizadas cooperações entre produtores e apicultores, como na Califórnia, no Oeste dos Estados Unidos (os produtores de sementes alugam colmeias aos apicultores). A instalação de um número suficiente de colónias de abelhas nos campos floridos e nos pomares para assegurar uma polinização adequada das culturas não só aumenta o rendimento das culturas, como também aumenta a produção de mel. Para compreender melhor a complexidade das relações abelha-planta, seria útil centrar os futuros estudos no comportamento de polinização de várias espécies de abelhas noutras plantas cultivadas, com vista a comparar o impacto da sua polinização na qualidade do rendimento. No âmbito do melhoramento das variedades locais, seria desejável estudar mais de perto as abelhas que participam na polinização destas culturas para garantir a qualidade dos rendimentos. Só um trabalho prolongado e intenso sobre vários grupos de plantas e de abelhas permitirá propor modelos coerentes. Seria igualmente interessante completar este trabalho com um estudo dos factores bióticos e abióticos que actuam sobre as populações de abelhas. É igualmente indispensável estudar a nossa fauna apóide. Estes estudos devem ser alargados a todo o território nacional, incluindo a flora cultivada, a fim de conhecer melhor a fauna que poliniza as nossas culturas. A observação do comportamento forrageiro destas espécies selvagens, bem como o conhecimento da sua biologia e do seu comportamento de nidificação, permitir-nos-ão selecionar as espécies mais aptas a polinizar eficazmente as nossas culturas e proceder à sua reprodução.

REFERÊNCIAS BIBLIOGRÁFICAS

Abdul L., Saeed Ahmad M., Shafqat S., Naeem I., Qamar S. (2019). Diversidade de polinizadores e seu papel na biologia da polinização do grão-de-bico, Cicer arietinum L. (Fabaceae). Jornal de Entomologia da Ásia-Pacífico , 22: 597-601.

Abu-Amer J.H., Saoub H.M., Akash M.W., e Al-Abdallat A.M. (2011). Variação Genética e Fenotípica entre Landraces e Cultivares de Faba Bean. International Journal of Vegetable Science, 17: 45-59.

Abrol D.P. (1988). Efeito de fatores climáticos na atividade de polinização de alfafa polinizando abelhas subtropicais Megachile nana Bingh e Megachile flavipes Spinola (Hymenoptera: Megachilidae). Ata.Oecologica, 9(4): 371-377.

Aguib S. (2006). Etude bioécologique et systématique des Hyménoptères Apoidea dans les milieux naturels et cultivés de la région de Constantine. Tese de Mestrado em Entomologia, Universidade de Mentouri, Constantine, 161p.

Aguib S., Louadi K. & Schwarz M., (2010). Os Anthidiini (Megachilidae, Megachilinae) da Argélia com três novas espécies para este país: Anthidium florentinum (Fabricius, 1775), Anthidium amabile (Alfken, 1932) e Pseudoanthidium enslini (Alfken, 1928). Entomofauna, 31: 121-152.

Aguib S., Louadi K., Schwarz M. (2014). O género Stelis Panzer 1806 (Hymenoptera, Apoidea, Megachilidae) da Argélia com uma espécie nova para a fauna deste país. Entomofauna, 35: 553-57.

Alan Walters S. e H.Taylor B. (2006). Efeitos da polinização por abelhas na produção de frutos e sementes de abóbora. Hort Science , 41(2): 370-373.

Alleaume C. (2012). A abelha melífera (Apis mellifera), um exemplo para o estudo da atratividade das plantas cultivadas sobre os insectos polinizadores. Tese de doutoramento em medicina veterinária. École nationale vétérinaire d'Alfort, 102 p.

Aniruddha, M., S.K. Chakrabarty, e J.B. Yadav. (2014). Comportamento de forrageamento de abelhas (Apis spp) (Hymenoptera: Apidae) na produção de sementes híbridas de mostarda indiana (Brassica juncea). Jornal Indiano de Ciências Agrícolas, 84 (11), 1389-94.

Anónimo (2009). Cultura de cereais. Revista do Instituto Técnico das Grandes Culturas (ITGC), NO. 40.

Anónimo (2010). Fichas técnicas de culturas hortícolas e industriais. Cultura da alface. Instituto Técnico das Culturas Marítimas e Industriais (ITCMI).

Anónimo (2012). Ligeira base na produção de citrinos em 2011/2012 (http://www.elmoudjahid.com, Acedido em 2019).

Anónimo (2013). Acessado em 2019. Apis Bruoc Sella asbl (http://www.apisbruocsella.be/).

Anónimos(2013). Saúde das abelhas, estado da situação e papel das as Anses http://www.anses.fr/fr/content/ saúde das abelhas (ANSES).

Anónimo (2014). Produção argelina de frutas e hortaliças. O essencial da agroindústria e da agricultura. Agroligne : n°87.

Anónimo (2017). Plantas hortícolas (folhas). http://www.dev.scienceenlivre.org/document/plantes-potageres-les-feuilles.pdf.

Aouar-sadli M., Louadi K. e Doumandji S. (2008). Polinização da fava (Vicia faba L.var. major) (Fabaceae) por abelhas selvagens e abelhas melíferas (Hymenoptera: Apoidea) e o seu impacto na produção de sementes na zona de Tizi-Ouzou (Argélia). Jornal Africano de Investigação Agrícola, 3 (4) : 266-272.

Aouar-sadli M. (2009). Sistemática, eco-etologia das abelhas (Hymenoptera: Apoidae) e sua relação com as favas (Vicia faba L.) cultivadas no campo na região de Tizi-Ouzou. Tese de doutoramento. Universite Mouloud Mammeri de Tizi-Oouzou, Faculté des Sciences biologiques et des Sciences agronomiques, 268p.

Aouar-Sadli M., Louadi K., Doumandji S. (2012). Novos registos de abelhas selvagens (Hymenoptera, Apoidea) para a vida selvagem na Argélia. Jornal da Sociedade de Investigação Entomológica (JERS), 14: 19-27.

Arigue S. (2004). L'entomofaune des Hyménoptères Apoidea dans la région saharienne d'El Oued (Djamaâ). Tese de Mestrado em Entomologia, Univ. Mentouri, Constantine, 102p.

Asif, S., S. Shafqat, e M. Asad. (2008). Pollinator Community of Onion (Allium cepa L.) and its Role in Crop Reproductive Success. Pakitan Journal of Zoology (40): 451- 456.

Asla T., 2002 - Contribuição para o estudo da eficácia dos trabalhos de D.R.S. em Kabylie (W. de Tizi-Ouzou) - Estado atual e aspeto morfológico das redes de banquetes: Utilização de um inquérito por questionário. Tese de mestrado, Universidade Mouloud Mammeri de Tizi-Ouzou, 134p.

Avila C.J., Martinho M.R., Campos J.P. De. (1989). Polinização e polinizadores na produção de frutos e sementes híbridas de abóbora (Cucurbita pepo var.melopepo). Anais da Sociedade Entomológica do Brasil,18 (1): 13-19.

Azo'o ela M., Messi J., Tchuenguem Fohouo F., Tamesse J. L., Kekeunou S., Pando J. B. (2010). Comportamento de forrageamento de Apis mellifera adansonii e seu impacto na polinização, produção de frutos e sementes de Citrullus lanatus em Nkolbisson (Yaoundé, Camarões). Cameroon Journal of Experimental Biology, 06 (01): 41-48.

Bakiri A., Louadi K. & Schwarz M. (2016). O género Nomada Scopoli, 1770 do Nordeste da Argélia (Hymenoptera, Apidae, Nomadini). Entomofauna , 37 : 697-712.

Bakiri E. (2016). Monographie des insectes Hyménoptères Apoidea cleptoparasites en Algérie. Tese de doutoramento do 3.º ciclo em Biologia Animal. Universidade Frères Mentouri Constantine. 128p

Barbier E. (1986). Polinização das culturas. Porquê polinizar? Porquê? Como? Ed Borione, Avignon, 480 p.

Barbier E. (1964). Polinização e frutificação da Clementina. Les Annales de l'Abeille, 7 (1): 63-80.

Batra S.W.T. (1984). Abelhas solitárias. Comportamento reprodutivo, papel importante na polinização de plantas cultivadas. Pour la Science, 78 : 58 - 68.

Battaglini, M. B. (1969). A importância das abelhas na fertilização de Cucurbita pepo. Apicolt Italia, 35 (1): 9-12.

Belhadi N. (2010). Effet des facteurs d'élevage sur la production et la qualité de lait de vache en région montagneuse. Tese de mestrado em agronomia, Université Mouloud Mammeri, Tizi-Ouzou, 83p.

Benachour K., Louadi K. e Terzo M. (2007). Papel das abelhas selvagens e domésticas (Hymenoptera: Apoidea) na polinização da fava (Vicia faba L. var. major) (Fabaceae) na região de Constantine (Argélia). Annales de la société entomologique de France, 43 (2), 213-219.

Benachour K. (2008). Diversidade e atividade de polinização das abelhas (Hymenoptera: Apoidea) em plantas cultivadas. Tese de doutoramento em entomologia aplicada. Univ. Mentouri, Constantine,151p.

Benachour K. & Louadi K. (2011). Comportamento de forrageamento de abelhas (Hymenoptera: Apoidea) em flores masculinas e femininas de pepino (Cucumis sativus L.) (Cucurbitaceae) na região de Constantine (Argélia). Annales de la société entomologique de France (n.s.), 47 (1-2): 63-70.

Benarfa N. (2004). Inventário da fauna apícola na região de Tébessa. Tese de Mestrado em Entomologia, Univ. Mentouri, Constantine, 123p.

Bendifallah L. (2002). Biosystématique des Apoidea (abeilles domestiques et sauvages) dans quelques stations de la région orientale de la Mitidja. Tese de Mestrado em Ciências Agronómicas, INA d'Alger, 208 p.

Bendifallah L., Louadi K., Doumandji S. (2010). Apoidea e a sua diversidade na região Norte
da Argélia. Silva Lusitana , 18: 85-102.

Bendifallah L., Louadi K., Doumandji S., Iserbyt S. (2012). Variação geográfica na diversidade de abelhas polinizadoras no ecossistema natural (Argélia). Revista internacional de ciência e tecnologia avançada, 2:26 -31

Bendifallah L., Louadi K., Doumandji S. (2013). Fauna de abelhas potenciais visitantes de flores de coentro Coriandrum sativum L. (Apiaceae) na área de Mitidja (Argélia). Verista, Journal of Apicultural Science, 57:59-70.

Bendifallah L., Koudjil M., Acheuk F., Doumandji S., Louadi K., Boudia I., Achour O. (2015). Distribuição espaço-temporal de abelhas selvagens nas regiões do noroeste da Argélia. Revue Nature et Technologie, 12: 86-99.

Benedek, G.E., e E. Gaal (1972). The effect of insect pollination in seed onion with observations on the behaviour of honeybees on the crop. Journal of Apicultural Research, (11), 175-180 B.

Blumler M A., (l991). Modelação das origens da domesticação e cultivo de leguminosas. Econ. Bot. 45 p.

Borneck, R. e Bricout, J.P. (1984). Avaliação do impacto económico da entomofauna polinizadora na agricultura. Bulletin Technique Apicole, (11): 117-124.

Borneck, R. e Merle, B. (1989). Uma tentativa de avaliar o impacto económico da abelha polinizadora na agricultura europeia. Apiacta, (24), 33-38.

Bessaoud O. (2019). Relatório de síntese sobre a agricultura na Argélia. Projeto de apoio à iniciativa ENPARD Méditerranée, 81p.

Bouri A. e Gaouar S. (2018). Caracterização genética de acessos de grão-de-bico (Tlemcen). Contribuição para a análise genética e caraterização de algumas variedades de Pois chiche (Cicer arietinum) no nível da wilaya de Tlemcen. Editions universitaires européennes 136p.

Burkle, L.A., Marlin, J.C. e Knight, T.M. (2013). Interações planta-polinizador ao longo de 120 anos: Perda de espécies, coocorrência e função. Science, 339: 1611-1615.

Cane J. H., Sampson Blair J. e. Miller Stephanie A. (2011). Valor de polinização das abelhas machos: a abelha especialista Peponapis pruinosa (Apidae) na abóbora de verão (Cucurbita pepo). Environmental Entomology, 39(5): 000-000.

Chansigaud J. (1975). Estudo do comportamento de Andrena carantonica Perez durante a floração das macieiras da variedade Golden delicious. Apidologie, 6 (4) : 341-359.

Chase M. W. e Reveal J. L. (2009). A phylogenetic classification of the land plants to accompany APG III. Botanical Journal of the Linnean Society. vol. 161. p. 122-127

Chedded M.A. (2015). Analyse de l'impact des investissements agricoles réalisés dans le cadre du Plan National de Développement Agricole (PNDA) sur l'évolution des techniques de productions laitières, céréalières et oléicoles en Algérie : Etude de cas dans la wilaya de Tizi-Ouzou. Tese de doutoramento em ciências agronómicas. Université d'Avignon et des pays de

Vaucluse, 153p.

Cherair E.-H., Scheuchl E., Doumandji S., Louadi K. (2013). Um novo registo e uma nova subespécie de Andrena haemorrhoa (Fabricius, 1781) na Argélia (Hymenoptera: Apoidea Adrenidae). African Entomology 21: 287- 293.

Cherair El-Hachemi M. (2016). Estudo eco-etológico do assentamento de Apoides (Hymenoptera, Aculeata) em ambiente de estepe (Região de Djelfa). Tese de doutoramento em ciências agronómicas, INA d'Alger: 146 p.

Chichoune H., Benachour K., Louadi K., Javier Ortiz-Sánchez F. (2018). Primeiros dados sobre Halictidae (Hymenoptera: Apoidea) da região de Batna (leste da Argélia), Annales de la Société entomologique de France ? 54:1-17.

Collison, C.H. (1973). Nectar secretion and how it affects the activity of honey bees in the pollination of hybrid pickling cucumbers, Cucumis sativus L. M.Sc. Thesis, Michigan State University, East Lansing, USA.

Corbet, S.A., William, I.H. e Osborne, J.L. (1991). Bees and the pollination of crops and wildflowers in the European Community (As abelhas e a polinização de culturas e flores silvestres na Comunidade Europeia). Bee World, 72: 47-59

Couto R.H.N., Peirera J.M.S., Couto L.A. (1990). Efeitos da polinização em Cucurbita pepo (abóbora de verão). Cientifica, 18 (1): 21-27.

Crété P. (1965). Précis de botanique tome 2. systématique des angiospermes. Edição Masson et Cie: 238-246

Das Graças Vidal M., Avid De Jong D., Chris Wien H. e A. Morse R. (2010). Polinização e frutificação em abóbora (Cucurbita pepo) por abelhas melíferas. Revista Brasil. Bot. 33(1):107-113.

Delaplane K.S. e Mayer D.F. (2000). Crop pollination by bees. CABI publishing. 344p.

Devika Rani D, Triveni B, Nandini e Narsa Reddy G (2017). Estudo de Avaliação do Comportamento de Forrageamento dos Principais Insectos Polinizadores em Abóbora de verão (Cucurbita Pepo L.). Revista de Estudos de Entomologia e Zoologia, 5(5): 28-30.

Dhaliwal S. M. (2017). Manual de culturas hortícolas, Cucurbitáceas (capítulo 5). Pp 77-147.

Dibos C. (2011). Interacções planta-polinizador: caraterização da qualidade do pólen de duas cucurbitáceas durante a sua ontogenia, apresentação e transporte no corpo da abelha melífera. Tese de doutoramento em ciências agronómicas. Université d'Avignon et des pays de Vaucluse, 191p.

Djouama H., Louadi K., Scheuchl E. (2016). Inventário preliminar do género Andrena (Hymenoptera: Apoidea, Andrenidae) de algumas localidades do Saara no leste da Argélia. Annales de la Société entomologique de France , 52: 300-310.

Eischen, F.A., (2000). A investigação sobre a polinização e a agricultura. Am. Bee J., 140: 118-119.

Esther Julier H. e T'ai H. Roulston (2009). Abundância de abelhas selvagens e serviço de polinização em abóboras cultivadas: gestão da exploração, comportamento de nidificação e efeitos na paisagem. Journal of Economic Entomology, 102 (2): 563-573.

Ewies M.A. e EL-Sahhar K. F. (1977). Observações sobre o comportamento das abelhas na cebola e os seus efeitos no rendimento das sementes. Journal of Apicultural Research, 16 (4), 194-196.

FAO (2019). A importância das abelhas na biodiversidade e a sua contribuição para a segurança alimentar.
segurança alimentar e nutricional.

Feller, C., H. Bleiholder, L. Buhr, H. Hack, M. Hess, R. Klose, U. Meier, R. Stauss, T. van den Boom e E. Weber (1995). Phiinologische Entwicklungsstadien von Gemlisepflanzen. I. Zwiebel-, Wurzel-, Knollenund Blattgemlise. Nachrichtenbl. Deut. Pflanzenschutzd. 47 (8), 193-206

Fluri P., Pickhardt A., Cottier V. e Charrière J. (2001). La pollinisation des plantes à fleurs par les abeilles - Biologie, Écologie, Économie. Agroscope Liebefeld-Posieux, Bee Research Centre, CH-3003 Bern.

Free J.B. (1993). Polinização de culturas por insectos. 2.ª ed. Academic Press, Londres.

Franklin, D.F. (1970). Problemas na produção de sementes de hortícolas. In: The indispensable pollinators. Arkansas Agricultural Extension Service Miscellaneous Publications, (127), 112-140.

Garibaldi, L.A., Carvalheiro, L.G., Vaissière, B.E., Gemmill-Herren, B., Hipólito, J., Freitas, B.M. et al. (2016). Diversidade de polinizadores mutuamente benéficos e resultados de rendimento das culturas em pequenas e grandes explorações agrícolas. Ciência, 351: 388-391.

Gasim S. M. e Abdelmula A. A. (2018). Impacto da polinização por abelhas no rendimento do feijão-fava (Vicia faba L.) cultivado em condições semi-áridas. Ciências Agrárias, 9, 729-740.

Georges, T., e T.F. Fernand-Nestor (2014). Atividade de forrageamento e polinização de Apis mellifera adansonii Latreille (Hymenoptera: Apidae) em flores de Allium cepa L. (Liliaceae) em Maroua, Camarões. Revista Internacional de Agronomia e Investigação Agrícola, (5), 139-153.

Goubara M. e Takasaki T. (2003). Visitantes florais da alface em condições de campo e de recinto fechado. Applied Entomology and Zoology, 38 (4): 571-581.

Goubara M. e Takasaki T. (2003). Efeitos de polinização da abelha Lasioglossum villosulum trichopse (Hymenoptera: Halictidae) em alface macho-estéril génica. Applied Entomology and Zoology, 39(1): 163-169.

Grajales-Conesa J., Meléndez Ramírez, V., Cruz-López, L. e Sánchez, D. (2013). Abelhas nativas em pomares de laranja (Citrus sinensis) e limão (C. Limon) em yucatán, méxico. Ata Zoológica Mexicana (s.n.), 29 (2): 437-440.

Greatti M., Zoratti M.I., Trouillier J. (1997). Une autre ressource pour l'apiculteur: l'aide à la pollinisation. De l'abeille de France No. 832.

Hamza N. (2014). Aplicação de micorrizas arbusculares em horticultura de mercado caso da melancia (Citrullus lanatus). Tese de mestrado em biologia e fisiologia vegetal. Université Ferhat Abbas Sétif, 54p.

Hebie I. (2001). Etude experimentale sur la production de semences de nouvelles varietes dans la region de bazega: cas de Lactuca sativa et des hybrides F1 de Hibiscus esculentus et de Solanum melongena. Dissertação de fim de curso em agronomia, Universidade Politécnica de Boso-Dioulasso (U.P.B), 47p.

Hodges, L. e Baxendale, F. (1995). Bee pollination of cucurbit crops (Polinização por abelhas de culturas de cucurbitáceas). Instituto de Agricultura e Recursos Naturais. Universidade de Nebraska-Lincoln.

Hugh c. Cutler e Thomas W. Whitaker (1961). History and distribution of the cultivated cucurbits in the Americas (História e distribuição das cucurbitáceas cultivadas nas Américas). American Antiquity, 26 (4): 469-485.

Ikhlef H. (2015). Contribution à l'étude systématique et écologique des abeilles sauvages(Hymenoptera: Apoïdea) et l'influence de leur pollinisation sur le rendement du Sulla dans la région de Tizi-Ouzou. Universidade Mouloud Mammeri de Tizi-Oouzou, Faculdade de Ciências Biológicas e Ciências Agronómicas, 108p

INRA. (2005). Medir a importância agronómica e económica dos insectos polinizadores. Gabinete de Imprensa do INRA.

Jacob-Remacle, A. (1989 a). Comportamento de forrageamento da abelha melífera e de abelhas selvagens em pomares de macieiras na Bélgica. Apidologie, (20), 271-285.

Jacob-Remacle A., 1989 b - Relações plantas-abeilles solitárias em meio urbano : o exemplo da cidade de Liège. Comptes rendus du Symposium " Invertébrés " de Belgique : 387-394.

Jacob-Remacle A. (1990). As abelhas selvagens e a polinização. Unidade de Zoologia Geral e Aplicada. Faculdade de Ciências Agronómicas de Gembloux, 40 p.

Jaccon G. (2015). FABACEae: Leguminosae, Papilionaceae.(www.gilbertjac.com).

Jean-Marie, P. (1991). A polinização pelas abelhas. Colocação de colónias em culturas floridas com vista a aumentar o rendimento das culturas. EDISUD, Aix-en-Provence.

Jones, H. A. (1927). Estudos sobre polinização e história de vida da alface (Lactuca Sativa L.).
Hilgardia, 2: 425-448.

Jones, H.A. (1937). Onion improvement, USDA Yearbook 1937, 233-250.

Khelloul L. (2014). Inventário qualitativo e quantitativo dos afídeos que infestam a cultura da fava. Dinâmica populacional de algumas espécies características em duas parcelas de fava Vicia faba minor e Vicia faba major na região de Tizi-Rached (Tizi-Ouzou). Tese de Mestrado em Ciências Biológicas, Universidade de Tizi-Ouzou, 122 p.

Korichi Y. (2015). Contribuição para o estudo sistemático e eco-etológico das abelhas selvagens (Hymenoptera: Apoïdea) na região de Tizi-Ouzou. Tese de mestrado. Universidade Mouloud Mammeri de Tizi-Ouzou. 95 p.

Koltowski Z.(1996). Influência dos insectos polinizadores no rendimento de várias cultivares de feijão (Vicia faba L. spp. minor Harz). Pszczelnicze Zeszyty Naukowe 40(1): 77-93.

Krug C, Alves-dos-Santos I. e ames Cane J. (2010). Abelhas visitantes de flores de Cucurbita (Cucurbitaceae) com ênfase na presença de Peponapis fervens Smith (Eucerini, Apidae) Santa Catarina, Sul do Brasil. Oecoologia Australis, 14(1): 128-139.

Kumar Jitender, Mishra R. C. e Gupta J. K. (1985). The effect of mode of pollination on allium species with observation on insects as pollinators. Journal of Apicultural Research, 24(1), 62-66.

Kyllönen T. (2018). Efeitos da polinização na distribuição de vagens em feijão faba (vicia faba
l.). Tese de mestrado. Universidade de Helsínquia, 63 p.

Lachaud A. e Mahé G. (2008). Contribution à la connaissance de la diversité des abeilles sauvages de Loire-Atlantique. Bretagne vivante - SEPNB, Brest, 89p.

Link, W., A.A. Abdelmula, E. Von Kittlitz, S. Bruns, H. Riemer, e D. Stelling. Stelling (1999). Genotypic variation for drought tolerance in Vicia faba L. Plant Breeding, 118: 477-483.

Louadi K., Doumandji S. (1998a). Diversidade e atividade forrageira das abelhas (Hymenoptera, Apoidea) num relvado de terófitos em Constantine (Argélia). The Canadian Entomologist, 103(5): 691-702.

Louadi K., Doumandji S. (1998b). Note d'information sur l'activité des abeilles (domestiques et sauvages) et l'influence des facteurs climatiques sur les populations. Sciences

&Technologies, (9): 83-87.

Louadi K. (1999 a). Systématique, éco-éthologie des abeilles (Hymenoptera, Apoidea) et leurs relations avec l'agrocenose dans la région de Constantine. Tese de doutoramento, Ciências Naturais, Universidade de Mentouri, Constantine, 202p.

Louadi K. (1999 b). Contribution à la connaissance des genres Halictus et Lasioglossum de la région de Constantine (Algérie) (Hymenoptera, Apoidea, Halictidae). Bulletin de la Société entomologique de France, 104 (2): 141-144.

Louadi K., Benachour K., Berchi S. (2007a). Padrões de visitação floral das abelhas durante a primavera em Constantine, Argélia. African Entomology, 15(1): 209-213.

Louveaux J., 1980 - Les abeilles et leur élevage. Ed. Hachette, Paris, 230 p.

Maatallah R. (2003). Inventário da fauna apoidiana na região de Skikda. Tese de Mestrado em Entomologia, Univ. Mentouri, Constantine, 172p.

Maghni N. (2006). Contribution à la connaissance des abeilles sauvages (Hymenoptera: Apoidea) dans les mileux naturels et cultivés de la région de khenchela. Tese de Mestrado em Entomologia, Univ. Mentouri, Constantine, 127 p.

Maghni N, Louadi K, Ortiz-Sanchez FJ, Rasmont P. (2017). Os Anthophores da região de Aurès, nordeste da Argélia (Hymenoptera: Apidae: Anthophorini). Annales de la Société entomologique de France, 53: 55-73.

Malerbo-Souza D. T., Nogueira-Couto R. H., Couto L. A. (2004). Atrativos de abelhas e polinização em laranja doce, Citrus sinensis L. OSBECK, VAR. PERA-RIO.

Marzinzig Birgit, Brünjes Lisa, Biagioni Siria, Behling Hermann, Link Wolfgang e Westphal Catrin (2018). Os polinizadores de abelhas de feijão faba (Vicia faba L.) diferem em seu comportamento de forrageamento e eficiência de polinização. Agricultura, Ecossistemas e Meio Ambiente, 264: 24-33.

Mc Gregor S.E. (1976). Insect pollination of cultivated crops plants (Polinização por insectos de plantas cultivadas). Departamento de Agricultura dos EUA, Manual de Agricultura nº 496, Washington, 411 p.

Mesquida J., Le Guen J., Tasei Jn., Carre S. e Morin G. (1990). Modalidades de polinização em duas linhas de fava de primavera (Vicia faba L. var equina Steudel). Efeitos sobre os lançamentos, a produtividade e as taxas de cruzamento. Apidologie, 21, 511-525.

Michelbacher, A. E., Ray F. Smith, e P. D. Hurd, Jr (1964). Bees are essential pollination of squash, gourds, and pumpkins (As abelhas são essenciais para a polinização de abóboras, cabaças e abóboras). California Agriculture, 18: 2-4.

Michelbacher A.E., Smith Ray F., Hurd P.D. Jr. 1964. As abelhas são essenciais... Pollination of Squash, Gourds, and pumpkins (Polinização de abóboras, cabaças e abóboras).

California Agriculture, 10. 2 1.

Michener C.D. (2000). The Bees of the World (As Abelhas do Mundo). The Johns Hopkins University Press,
807p.

Mortaza, R.A., H. Sadeghi-Namaghi, e H. Mojtaba (2013). Efeitos dos insectos polinizadores na qualidade e quantidade da produção de sementes de cebola. Revista de Proteção das Culturas. (4): 395-402.

Mudssar A., Shafqat S., Asif S e Muhammad Amjad B.(2014). Explorando os melhores polinizadores nativos para a produção de abóbora (Cucurbita pepo) em Punjab, Paquistão. Jornal de Zoologia do Paquistão, 46(2): 531-539.

Musallam Iyad W., Haddad Nizar J., Tawaha Abdel-rahman M. e Migdadi Osama S. (2004). A importância da polinização por abelhas em quatro genótipos de fava (Vicia faba L.). Revista internacional de agricultura e biologia, 6(1): 9-12.

Nepi M., Pacini E. (1993). Polinização, Viabilidade do Pólen e Recetividade do Pistilo em Cucurbita pepo. Anais de Botânica, 72: 527-536.

Nevkryta, A. N. (1953). Insectos que polinizam as culturas de cucurbitáceas. 92 pp. [Kiev] Akad. Nauk Ukrain. SSR. AA153/61.

Nieto, A., Roberts, S.P.M., Kemp, J., Rasmont, P., Kuhlmann, M., García Criado, M., et al. (2014). Lista Vermelha Europeia das Abelhas. Luxemburgo: Serviço das Publicações da União Europeia.

Njoroge G.N., G emmill B., Bussmann R., Newton L.E. e Ngumi V.W. (2004). Ecologia da polinização de Citrullus lanatus em Yatta, Quénia. International Journal of Tropical Insect Science, 24 (1): 73-77.

Njoroge G.N., Gemmill B., Bussmann R., Newton L.E. e Ngumi V.M. (2010). Diversidade e eficiência dos polinizadores selvagens da melancia (Citrullus lanatus (Thunb.) Mansf.) em Yatta (Quénia). Journal of Applied Horticulture, 12(1): 35-41.

Nye, W. P., N.S. Shasha'a, W.F. Campbell, e A.R. Hamson (1973). Insect Pollination and Seed Set of Onions (Allium cepa L.). Unidade de Investigação de Insectos Polinizadores.

Praloran C., 1971 - Les agrumes. Ed. editeur 8348, Paris, n° 5, p. 25.

Patiny S. e Terzo M., (2010). Catálogo e chave dos subgéneros e espécies do género Andrena da Bélgica e do norte de França (Hymenoptera, Apoidea). Université de Mons Laboratoire de Zoologie B-7000 Mons, 39 p.

Pauly A., (2014). Chave para os Halictidae da Bélgica. Documento de trabalho do Atlas Hymenoptera.

Payette A. (1996). Os Apoides do Québec: As abelhas e a agricultura. L'Abeille, 16 (4): 14-15.

Pesson P, Louveaux J (1984). Polinização e produção vegetal. INRA, Paris, pp. 663.

Pfiffer L. e Müller A. (2014). As abelhas selvagens e a polinização. Instituto de FiBL (Fundação de Investigação para a Agricultura Biológica).

Pierre J., Le Guen J. Pham Delègue MH., Mesquida J., Marilleau R., Morin J. (1996). Estudo comparativo da secreção de néctar e da atratividade para as abelhas de duas linhas de fava primaveril (Vicia faba L. var. equine Steudel). Apidologie, (27) : 65-75.

Pierre J, Le Guen J, Esnault R, Debbagh S, Sadiki M (1997). Méthode d'étude de la fréquentation de diverses féveroles par les insectes pollinisateurs, p. 199-206 in: INRA (ed.) Les légumineuses alimentaires méditerranéennes. Rennes (França), 20-22 de fevereiro, Les Colloques, 88, INRA, Paris.

Pierre J, Suzo MJ, Moreno MT, Esnault R, Le Guen J (1999). Diversidade e eficiência da entomofauna polinizadora (Hymenoptera: Apidae) da fava (Vicia faba L.) em dois locais em França e Espanha. Annales de la société entomologique de France (n.s.), 35 : 312-318.

Poole, C. F. e Porter D.R. (1933). Pollen germination and development in watermelon (Germinação e desenvolvimento do pólen na melancia). American Society for Horticultural Science, 30: 526-530.

Pouvreau A. (2004). Insectos polinizadores. Delachaux & Niestlé, 157 p.

Rao, G.M. e M.C. Suryanarayana, (1988). Estudos sobre a polinização da melancia (Citrullus lanatus (Thunb.) Mansf.). Indian Bee Journal, 50: 5-8.

Rasmont, P., J.Leclercq, A.Jacob-Remacle, A.Pauly & C.Gaspar, (1993) The faunistic drift of Apoidea in Belgium. pp. 65-87 in E. Bruneau, Bees for pollination, Comissão das Comunidades Europeias, Bruxelas, 237 p.

Rasmont P., Y. Barbier, S. Iserbyt, R. Wahis & M. Terzo (2003). Poderia Jean-Henry Fabre observar todos estes insectos hoje? pp. 209-220 in Jean-Henri Fabre, un autre regard sur l'insecte. Actas do Congresso Internacional de Entomologia, 18-19 de outubro de 2002. Saint-Léons en Lévézou (França, Aveyron). Conseil général de l'Aveyron, Rodez, 275 p.

Rasmont P., e Terzo M., (2010). Catálogo e chave dos subgéneros e espécies do género Bombus da Bélgica e do norte de França (Hymenoptera, Apoidea). Université de Mons Laboratoire de Zoologie. 28p.Ribeiro Sousa G., Alves E., Lopes De Carvalho C. A.

(2017). Biologia da polinização de Citrus sinensis variedade 'PERA RIO'. Revista Brasileira de Fruticultura, 39 (2), 1-8.

Rasmont P. & Iserbyt S. (2012). A Síndrome da Escassez de Abelhões: As ondas de calor estão a levar a extinções locais de abelhões (Hymenoptera: Apidae: Bombus)? Annales de la Société entomologique de France, (N.S.) 48(3-4: 275-280.

Reta Sanchez D.G., Santos Serrato Corona J., Viramontes R.F., Cueto Wong J.A., Padilla S.B., César J.S. (2008). Cultivos alternativos con potencial de uso forrajero en la comarca lagunera, Primera, México, pp 41

Richard K.W. e Edwards P.D., (1988). Densidade, diversidade e eficiência dos polinizadores de sanfeno, Onobrychis viciaefolia Scop. The Canadian Entomologist, 120 (12): 1085-1100.

Robinson, W.S., Nowogrodzki, R. e Morse, R.A. (1989) The value of honey bees as pollinators of U.S. crops. American Bee Journal, 129: 411-423, 477-487.

Sanduleac, e. (1959). Dados sobre a polinização entomófila e a seleção de Cucurbitaceae. Lucr. Stiint. Stat. Cent. Seri. Apic. 1: 129-132. [Aa-431/61.

Sanford, M.T. (1992). Criação de abelhas: Polinização da melancia. Serviço de extensão cooperativa RF-AA091, Florida.

Schweisguth, B. (1976). Fisiologia da cebola, adaptação da cultivar e capacidade de armazenamento. INVUFLEC. França, pp. 27-32.

Sedgley M. e Buttrose M.S. (1978). Some effects of light intensity, daylength and temperature on flowers and pollen tube growth in the watermelon (Citrullus lanatus). Annals of Botany, 42: 609-616.

Shebl Mohamed A. & Farag Mahmoud (2015). Diversidade de abelhas (Hymenoptera: Apoidea) que visitam flores de fava (Vicia faba L.) no Egipto. Zoologia no Médio Oriente, 61(3): 256-263.

Selka O. (2007). Estudo das infestações de Citrus sinensis var. San guinelli por Ceratitis capitata (diptera: tephritidae) e pela microflora patogénica na planície de hennaya (Tlemcen). Tese de mestrado em ecologia animal. Universidade de Abou bekr Belkaid-Tlemcen.

Saxena M.C. (1991). Status and scope for production of faba bean in the Mediterranean countries. Opções do Mediterrâneo. Série de Seminários 10: 15-20.

Schweisguth B. (1976). Fisiologia da cebola, adaptação das cultivares e aptidão para a conservação. Institut National de Vulgarisation pour les Fruits, Légumes et Champignons (INVUFLEC). França, pp 27-32.

Singh A. K. (2016). Insectos polinizadores da laranja doce e seus atributos. Indian Journal of Entomology, 78(1): 46-50.

Somerville Doug (2002). Honeybees in faba bean pollination (Abelhas na polinização da fava).
Agnote DAI-128.

Sonnet M., Jacob-Remacle A. (1987). Polinização da leguminosa forrageira Hedysarum coronarium L. na Tunísia. Bulletin des Recherches Agronomiques de Gembloux, Bélgica, 22(1): 19-32.

Stanghellini, M.S., J.T. Ambrose e Schultheis J.R., (2002). Atividade diurna, visitação floral e deposição de pólen por abelhas melíferas e abelhões em pepino e melancia cultivados em campo. Journal of Apicultura. Research, 41: 27-34

Stoddard FL, Bond DA (1987). The pollination requirements of the faba bean. Bee World, 68(3): 144-152.

Stone, G.N., P. Willmer, e J.A. Rowe (1998). Partição de polinizadores durante a floração numa comunidade de acácias africanas. Ecology, 79 (8): 2808-2827.

Suzo M.J., Pierre J., Moreno M.T., Esnault R., Le Guen J. (2001). Variação dos níveis de cruzamento em cultivares de fava: papel dos factores ecológicos. Journal of Agricultural Science, 136: 399-405.

Taha, El-Kazafy A, e Yousry A B. n.d. (2009). The Value of Honey Bees (Apis Mellifera, L.) as Pollinators of Summer Seed Watermelon (Citrullus Lanatus Colothynthoides L.) in Egypt. Ata Biologica Szegediensis, 53(1) : 33-37.

Tasei J.N. (1976). Insectos polinizadores da fava de inverno (Vicia faba equina l.) e polinização de plantas macho-estéreis na produção de sementes híbridas. Apidologie 7(1): 1-38.

Tepedino V.J. (1981). The pollination efficiency of the squash bee (Peponapis pruinosa) and the honey bee (Apis mellifera) on summer squash (cucurnita pepo). Journal of the Kansas Entomological Society, 54(2): 359-377.

Terzo M. e Rasmont M. (2010). Chave para os géneros de apoides da Europa Ocidental. Laboratório de Zoologia, Universidade de Mons-Hainaut, pp. 23- 59.

Thompson, R. C. (1933). Polinização cruzada natural em alface. American Society for Horticultural Science Proc. 30: 545 - 547.

Vaissière B. E. (2002). As abelhas e a polinização. Le courrier de la Nature **196**, Spécial Abeilles: 24-27.

Vaissière B. E. (2005). As abelhas, a polinização e os pesticidas. Copyright Académie d'Agriculture de France.

Vansell H. e Watkins,G.(1942). Orange nectar and pollen in relation to bee Activity (Néctar e pólen de laranja em relação à atividade das abelhas). Journal of economic entomology, 35(3): 321-323.

Varis Anna-Liisa e Brax Raija (1990). Efeito da polinização por abelhas no rendimento e nos componentes do rendimento do feijão (Vicia faba L.). Journal of agricultural science in finland, Maataloustieteellinen Aikakauskirja, 62: 45-49.

Vidal M., De Jong D, WIEN H. C. e Morse R. A. (2006). Produção de néctar e pólen em abóbora (Cucurbita pepo L.). Revista Brasileira de Botânia, 29(2) : 267-273.

Vidal M., De Jong D, Wien H. C. e Morse R. A. (2010). Polinização e frutificação em abóbora (Cucurbita pepo) por abelhas melíferas. Revista Brasileira de Botânica, 33 (1): 107-113.

Vilain J. (1997). Polinização da courgette. Ficha técnica. Agrupamento Regional dos Apicultores Polinizadores Profissionais "Mediterrâneo".

Wadlow R. V. (1970). Pollination of crops in Florida, pp. 61-63, em: The Indispensable Pollinators, Publications of the Michigan Agricultural Extension service 127.

Wehner T(2008). Melancia em Legumes I Asteraceae, Brassicaceae, Chenopodicaceae e Cucurbitaceae. Handbook of plant breeding volume I.

Wills D.A., Wearing A.H. (1993). O efeito da polinização por abelhas no rendimento e na qualidade dos frutos da abobrinha (Cucurbita pepo L). Australasian Postharvest Conference: 373.

Wolfenbarger D.D. (1962). Honey bees increase squash yields, Florida Agric. Relatório de Investigação da Estação Experimental, 7(1): 15-19.

Zdzislaw, W., J. Giejdasz, e G. Proszynski (2004). Efeito da polinização de sementes de cebola isoladas pela abelha pedreiro (Osmia rufa L.) (Apoidea, Megachilidae) na fixação e na qualidade das sementes obtidas. Journal of Apicultural Science, (4), 35-41.

Zorrig W. (2011). Investigação e caraterização dos determinantes que controlam a acumulação de cádmio em alface "Lactuca sativa". Tese de doutoramento em ciências biológicas, Université Tunis El Manar, 246p.

APÊNDICES

Anexo 1. Dados climáticos mensais para a wilaya de Tizi-Ouzou (período 2007- 2017) (dados do gabinete meteorológico de Boukhalfa).

Temperaturas médias mensais

	I	II	III	IV	V	VI	VII	VIII	IX	X	XI	XII
2007	11.4	13.0	12.3	15.7	19.5	23.3	27.5	28.1	23.7	19.4	13.6	10.6
2008	11.0	12.6	13.0	16.3	18.8	23.5	27.9	27.8	24.4	19.8	13.5	13.1
2009	10.8	10.4	12.7	14.0	20.8	25.2	29.6	28.0	22.8	19.3	15.3	15.8
2010	11.4	12.8	13.7	16.4	17.6	22.6	27.7	27.2	23.6	19.2	14.3	11.2
2011	10.6	10.3	13.4	17.6	19.7	23.2	27.5	28.5	24.8	19.6	15.7	11.7
2012	9.9	6.5	13.3	15.3	19.9	26.4	27.8	30.3	24.4	20.8	16.3	11.9
2013	10.8	9.4	14.3	15.8	17.5	22.0	26.7	26.9	24.1	23.1	13.6	11.2
2014	12.3	12.8	12.3	17.5	19.2	23.7	27.0	28.0	26.2	21.6	17.3	10.9
2015	9.9	9.8	13.1	17.3	21.4	24.7	29.7	28.8	24.4	20.2	14.9	12.2
2016	12.8	12.6	12.5	16.1	19.0	24.3	27.9	27.1	24.3	22.5	15.7	12.6
2017	8.9	12.7	14.5	16.4	21.8	26.4	29.4	29.7	23.9	19.5	13.7	10.4
2018	11.2	9.9	13.6	16.5	17.8	22.8	27.8	27.4	25.3	19.1	14.9	11.9

Precipitação (mm)

	I	II	III	IV	V	VI	VII	VIII	IX	X	XI	XII
2007	8.4	63.4	284.6	201.5	23.8	14.9	11.3	1.8	56.9	210.4	257.8	89.2
2008	8.7	11.8	88.1	32.3	96.8	14.0	7.2	0	34.6	66.1	190.3	115.4
2009	221.0	42.4	92.0	132.6	69.1	0.0	2.6	7.3	169.8	40.4	116.5	140.3
2010	82.4	61.1	97.4	93.6	59.3	27.6	1.8	25.9	25.4	113.4	143.5	76.1
2011	90.9	146.9	89.9	106.5	153.1	41.1	1.7	0.2	7.5	34.1	156.6	120.6
2012	69.5	269.5	97.8	146.8	40.2	1.1	0.0	6.4	10.9	96.3	68.7	39.8
2013	211.8	185.7	93.5	64.5	151.6	0.0	0.3	11.3	37.6	39.0	164.9	103.7
2014	110.1	110.2	172.4	5.3	10.0	48.4	0.2	3.6	11.8	26.5	61.6	272.4
2015	200.9	181.5	70.2	0.0	10.4	15.3	4.1	2.6	41.1	81.7	102.7	0.0
2016	59.9	96.2	185.3	61.8	68.4	5.9	0.0	0.0	4.2	16.6	68.4	150.1
2017	250	36	29	37.0	2	8.8	0.4	0	37.8	35.3	126	138.0
2018	31	108	187	102.0	33	34	0.5	0	42	182	175	44.0

Humidade média (%)

	I	II	III	IV	V	VI	VII	VIII	IX	X	XI	XII
2007	80	79	98	84	72	69	56	59	67	77	81	86
2008	83	79	78	70	78	68	60	59	65	77	78	83
2009	60	47	48	54	42	29	31	35	49	49	51	58
2010	80	77	78	80	73	68	59	62	70	74	79	76
2011	84	83	78	76	77	75	68	68	69	75	81	85
2012	84	88	81	76	71	61	60	49	65	69	79	83
2013	80	80	73	77	78	65	64	60	73	69	83	83
2014	78	76	81	67	68	64	57	58	62	68	69	84
2015	82	80	75	71	62	60	51	59	65	72	80	75
2016	76	73	76	75	71	59	55	59	62	65	72	85
2017	82	75	72	68	62	58	49	56	61	66	76	83
2018	79	80	75	75	80	68	59	60	67	76	77	83

Velocidade média do vento (m/s)

	I	II	III	IV	V	VI	VII	VIII	IX	X	XI	XII
2007	1.0	2.3	2.2	1.6	1.6	2.3	2.2	2.0	1.4	1.2	1.0	0.3
2008	0.6	0.6	2.3	1.5	1.4	1.1	2.3	2.3	1.5	1.0	1.2	0.8
2009	1.5	1.3	1.4	1.1	1.2	1.8	1.8	1.7	1.1	0.7	0.5	1.2
2010	2.1	1.5	1.1	0.8	1.0	1.3	1.8	1.3	1.4	1.0	0.9	0.9
2011	0.2	1.2	0.7	1.1	xx	xx	xx	xx	1.1	0.5	0.6	0.3
2012	0.3	xx	xx	xx	xx	xx	xx	xx	0.7	0.6	1.1	0.9
2013	1.5	1.6	2.6	1.9	1.9	1.7	1.8	1.3	1.3	xx	xx	xx
2014	xx	xx	xx	xx	xx	xx	xx	xx	xx	xx	xx	xx
2015	1.0	2.0	1.3	1.7	xx	xx	xx	xx	2.8	2.3	1.7	1.4
2016	2.2	2.5	2.5	2.1	2.7	2.5	2.8	2.5	1.8	1.7	1.5	0.9
2017	1.5	2.2	2.1	2.2	2.2	2.7	2.4	2.9	2	1.2	1.0	1.0
2018	1.5	0.8	1.9	1.2	0.7	0.3	1.2	1.9	1.6	1.3	1.3	0.8

Duração da luz solar (horas)

	I	II	III	IV	V	VI	VII	VIII	IX	X	XI	XII
2007	195	168	197	154	261	296	353	312	233	182	191	141
2008	182	187	221	262	193	294	300	315	172	101	182	139
2009	108	170	239	197	104	98	111	101	72	241	183	106
2010	140	109	180	200	240	311	368	317	267	209	114	142
2011	142	156	211	243	244	291	356	341	282	233	134	145
2012	201	155	207	210	309	298	344	333	237	232	151	172
2013	140	126	161	231	241	352	335	335	237	210	120	163
2014	161	164	181	278	320	313	360	333	244	256	150	122
2015	143	114	221	297	307	354	395	321	249	211	191	215
2016	168	159	182	217	276	347	377	366	260	234	171	140
2017	133	154	273	270	312	341	349	307	295	271	170	127
2018	203	140	155	199	212	340	325	336	225	196	171	187

RESUMO

Investigações realizadas em 2016, 2017 e 2018 na região de Tizi-ouzou sobre os apídeos que polinizam seis plantas de horta e uma árvore de fruto, a laranjeira, revelaram que a abelha melífera é o principal polinizador da curgete, da melancia e da laranjeira. Esta abelha é também o principal visitante da melancia, juntamente com quatro outras espécies de abelhas solitárias (Nomada sp. Ceratina saundersi, Ceratina cucurbitina e Lasioglossum pauxillum). As duas Halictidae L. pauxillum e L. malachurum parecem ser os principais polinizadores da alface e da cebola. Por outro lado, as duas leguminosas, a fava e o grão-de-bico, são polinizadas principalmente por outras espécies da família Apidae: Eucera numida, Eucera decolorata e Eucera eucnemidea. O Megachilidae Lithurgus chrysurus é também o visitante mais frequente do grão-de-bico. Os nossos resultados mostram também que a atividade forrageira das abelhas acompanha a antese das flores estudadas. Começa logo que as primeiras flores abrem e intensifica-se à medida que o número de flores abertas aumenta. O estudo do comportamento forrageiro e da eficácia das abelhas mais abundantes nas flores revelou que todas as visitas das abelhas podem ser fecundantes, exceto no caso da fava, em que 72% das visitas das abelhas para recolher o néctar não são fecundantes (forrageamento negativo). Além disso, um estudo sobre o efeito da polinização entomófila na produção de feijão e cebola revelou que a presença de insectos polinizadores melhora significativamente o rendimento. No caso das favas, o peso médio das sementes colhidas em quadrículas livres foi três vezes superior ao das quadrículas em gaiola. Quanto às cebolas, a presença de abelhas forrageiras melhorou consideravelmente o rendimento, com uma vantagem económica de cerca de 98% em termos de peso médio das sementes por quadrado e por planta.

Palavras chave : Abelhas selvagens, abelhas melíferas, forrageamento, polinização, plantas de horta, laranjeiras,espetáculo, Tizi-Ouzou

MIX
Papier aus verantwortungsvollen Quellen
Paper from responsible sources
FSC® C105338

Printed by Books on Demand GmbH, Norderstedt / Germany